"创新设计思维"
数字媒体与艺术设计类新形态丛书

马亮◎主编
陈昊◎副主编

U0742479

Illustrator

2024

平面设计基础教程

◆ 全彩微课版 ◆

人民邮电出版社
北京

图书在版编目（CIP）数据

Illustrator 2024平面设计基础教程：全彩微课版 /
马亮主编. -- 北京：人民邮电出版社，2025. --（"创
新设计思维"数字媒体与艺术设计类新形态丛书).
ISBN 978-7-115-66140-1

Ⅰ. TP391.412

中国国家版本馆 CIP 数据核字第 2025FR7804 号

内 容 提 要

本书从 Illustrator 的基础知识入手，逐一讲解 Illustrator 平面设计在工作中常用的知识和技能，力求让零基础的读者轻松入门。本书共分为 9 章，第 1 章讲解了软件的基础操作；第 2 章讲解了绘图工具相关知识；第 3 章讲解了对象编辑操作；第 4 章讲解了图层与蒙版知识；第 5 章讲解了色彩的运用；第 6 章讲解了文字编辑功能；第 7 章讲解了外观与效果；第 8 章讲解了混合与图表工具；第 9 章讲解了多个综合案例。

本书可作为本科院校和职业院校视觉传达设计、数字媒体艺术、数字媒体技术等相关专业的教材，也可作为相关行业人员的参考书。

◆ 主　　编　马　亮

副 主 编　陈　昊

责任编辑　韦雅雪

责任印制　胡　南

◆ 人民邮电出版社出版发行　　北京市丰台区成寿寺路 11 号

邮编　100164　　电子邮件　315@ptpress.com.cn

网址　https://www.ptpress.com.cn

临西县阅读时光印刷有限公司印刷

◆ 开本：787×1092　1/16

印张：12　　　　　　　　2025 年 7 月第 1 版

字数：376 千字　　　　　2025 年 7 月河北第 1 次印刷

定价：69.80 元

读者服务热线：(010)81055256　印装质量热线：(010)81055316
反盗版热线：(010)81055315

前言

　　Illustrator是一款优秀的平面矢量设计软件，广泛应用于印刷排版、商标设计、插画设计、产品包装和电商设计等多个领域。"Illustrator平面设计"是许多艺术设计相关专业的重要课程。本书力求通过多个实例，由浅入深地讲解使用Illustrator进行平面设计的方法和技巧，以帮助教师开展教学工作，同时帮助读者掌握实战技能，提高设计能力。

内容特色

　　本书的内容特色主要包括以下3方面。

　　体系完整，讲解全面。本书条理清晰、内容丰富，从Illustrator的基础知识入手，由浅入深、循序渐进地介绍Illustrator的各项操作，并对综合案例进行讲解。

　　案例丰富，步骤详细。本书精选了大量典型案例，仔细拆解操作步骤，辅以大量图片和微课视频演示，便于读者更好地掌握Illustrator的各项操作。

　　学练结合，实用性强。本书设置了大量与章节内容紧密联系的练习任务，帮助读者理解和练习，以巩固所学知识，具有较强的操作性和实用性。

教学环节

　　本书精心设计了"基础知识+课堂案例+软件功能+课后习题+综合案例"等教学环节，帮助读者全方位掌握Illustrator平面设计的方法和技巧。

　　基础知识：介绍Illustrator的操作界面、基础概念、文件和图像的基本操作，让读者对使用Illustrator进行平面设计有基本的了解。

　　课堂案例：结合行业热点，用商业案例引入知识点，注重培养读者的学习兴趣，提升读者对知识点的理解与应用能力。

　　软件功能：结合课堂案例，进一步讲解Illustrator的软件功能，包括工具、命令等的使用方法，从而让读者深入掌握Illustrator平面设计的相关操作。

　　课后习题：精心设计有针对性的课后习题，让读者同步进行训练，进一步培养读者独立完成平面设计任务的能力。

综合案例： 通过设计综合案例，帮助读者全面提升实际应用能力。

配套资源

本书提供了丰富的配套资源，读者可登录人邮教育社区（www.ryjiaoyu.com），在本书页面中下载。

微课视频： 本书配有微课视频，扫码即可观看，支持线上线下混合式教学。

素材文件和效果文件： 本书提供了案例所需的素材文件和效果文件。

素材文件　　效果文件

教学辅助文件： 本书提供了PPT课件、教学大纲、教案等。

PPT课件　　教学大纲　　教案

编者

2025年3月

目录

第 1 章

Illustrator 的基础操作

Adobe Illustrator 是一款应用于印刷、出版、网络图像、工业设计等领域的平面矢量图设计软件。作为一款高质量的矢量图设计软件，它经过多年的迭代更新，应用范围不断扩展。目前，该软件已更新至性能更强大、功能更全面的版本。

学习重点

- Illustrator 工作界面
- 新建文件与保存文件
- 文件的置入与导出
- 视图操作

1.1 工作界面

安装Illustrator后，可以通过以下两种方式启动软件：在桌面上双击Illustrator快捷方式图标 **Ai**，或者在"开始"菜单中选择Illustrator程序命令。在出现的欢迎界面左侧单击"新文件"或"打开"按钮，新建或打开Illustrator文件，如图1-1所示。这样即可进入Illustrator的工作界面，如图1-2所示。

图1-1

图1-2

1.1.1 课堂案例：自定义工作界面

效果文件位置	无
素材文件位置	素材文件>CH01>课堂案例> 01.ai
技术掌握	掌握Illustrator工作界面的调整操作

课堂案例：自定义工作界面

（1）打开"01.ai"素材文件，如图1-3所示。

图1-3

（2）单击菜单栏中的"窗口"命令，在弹出的菜单中选择"图层"命令（在面板前将显示 ✔ 标记），即可打开该面板，如图1-4所示。

（3）单击工具栏下方的"编辑工具栏"按钮 ***，可以展开更多的工具供用户选择，如图1-5所示。

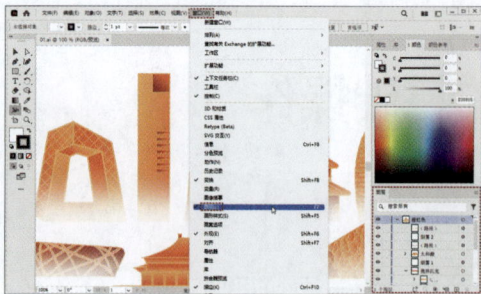

图1-4

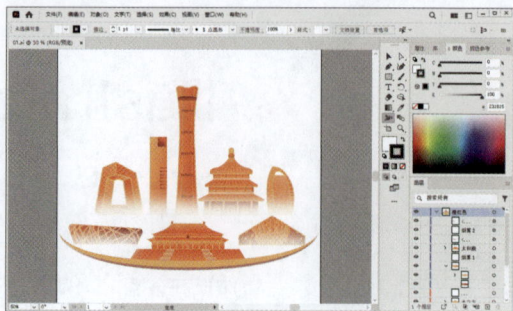

图1-5

（4）在工具栏顶部按住鼠标左键并将工具栏拖曳到工作区右侧，可以调整工具栏的位置，如图1-6所示。

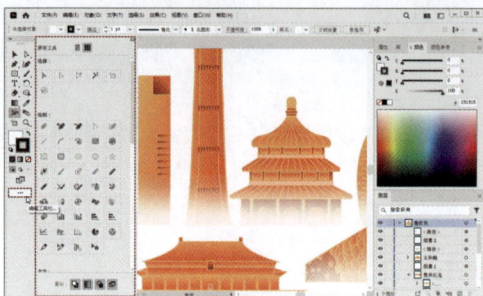

图1-6

（5）单击状态栏中的"显示缩放比例"下拉列表框，可以在弹出的缩放比例列表中选择图形文档的显示比例，如图1-7所示，当将图形文档的显示比例设置为50%时，其显示效果如图1-8所示。

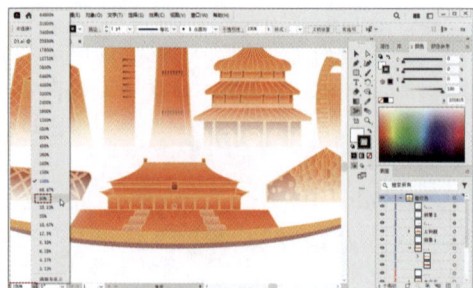

图1-7

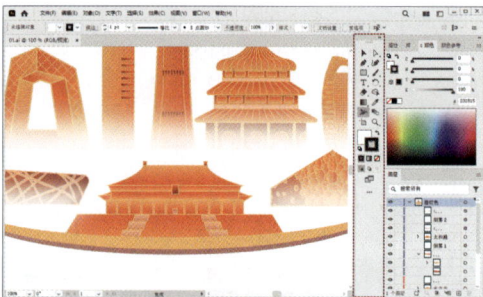

图1-8

1.1.2　认识工作界面

Illustrator的工作界面主要包括菜单栏、标题栏、工具栏、控制栏、状态栏、浮动面板、工作区等，如图1-9所示。

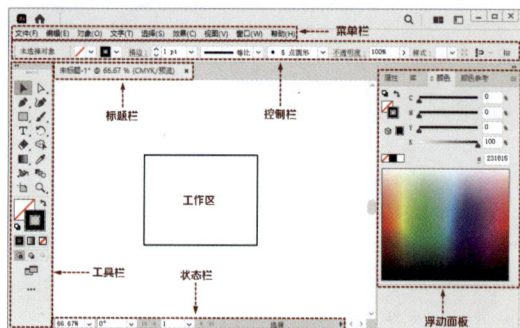

图1-9

工作界面各个部分的功能如下。

- 菜单栏：用于控制整个软件的编辑命令。
- 标题栏：显示文档的标题、缩放比例和颜色模式等信息。
- 工具栏：提供软件中最常用的操作工具。
- 控制栏：控制、调整对象或文档的参数。
- 状态栏：显示缩放比例、画板信息和工具名称等信息。
- 浮动面板：控制、调整对象或文档的更多参数。
- 工作区：绘图区域。

1.1.3　工具栏

在默认状态下，工具栏位于软件界面的左侧。使用工具栏中的绘图工具可以进行各种绘图操作。对于右下角有黑色小箭头的工具，可以按住鼠标左键或单击鼠标右键以展开其中隐藏的工具。单击工具栏下方的"编辑工具栏"按钮 ••• 可展开更多的工具。工具栏中的所有工具概览如图1-10所示。

图1-10

1.1.4 浮动面板

在默认状态下，浮动面板位于软件界面的右侧。浮动面板主要用于调整对象或设置工具的参数等。可以通过执行菜单栏中"窗口"下的菜单命令来打开或关闭浮动面板。当面板前面显示✔标记时，表示已经打开该面板，否则表示关闭该面板，如图1-11所示。

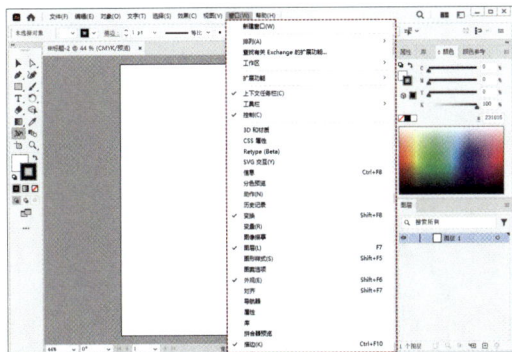

图1-11

![1.2图标] **文件操作**

Illustrator的文件操作包括新建文件、打开文件、保存文件、置入文件、导出文件等。

1.2.1 课堂案例：新建并保存文件

效果文件位置	实例文件>CH01>课堂案例> 02.ai
素材文件位置	素材文件>CH01>课堂案例> 02.ai
技术掌握	掌握Illustrator文件的基本操作

（课堂案例：新建并保存文件）

（1）启动Illustrator应用程序，在欢迎界面的左侧单击"新文件"按钮（新文件），如图1-12所示。

图1-12

（2）在打开的"新建文档"对话框中，根据需要设置文档的宽度和高度等参数，然后单击"创建"按钮（创建）创建一个新文档，如图1-13所示。

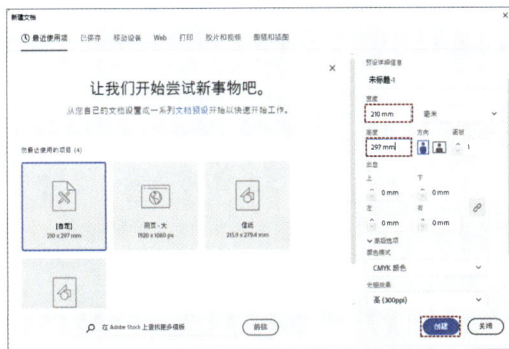

图1-13

（3）执行"文件>置入"菜单命令，在打开的"置入"对话框中选择要置入的素材，然后单击"置入"按钮（置入），如图1-14所示。按住鼠标左键在工作区中拖曳鼠标指针，指定置入图形的位置和大小，然后松开鼠标左键以置入选择的图形，如图1-15所示。

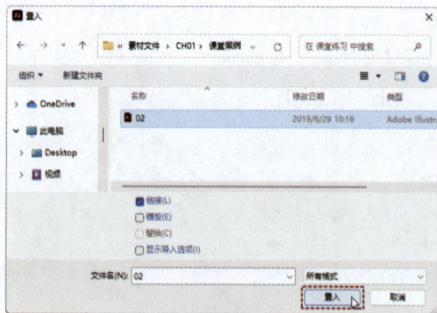
图1-14

图1-15

（4）执行"文件>存储"菜单命令，在打开的"存储为"对话框中，设置文件的保存位置和文件名，然后单击"保存"按钮 保存(S)，如图1-16所示。在随后打开的"Illustrator选项"对话框中选择保存文件的版本，并单击"确定"按钮 确定 完成文件的保存，如图1-17所示。

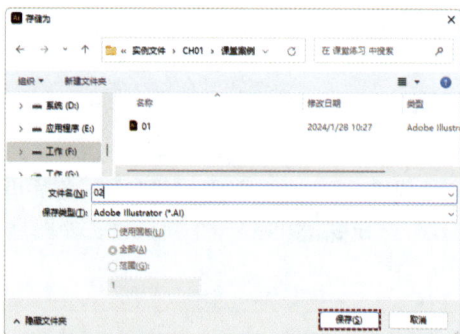
图1-16

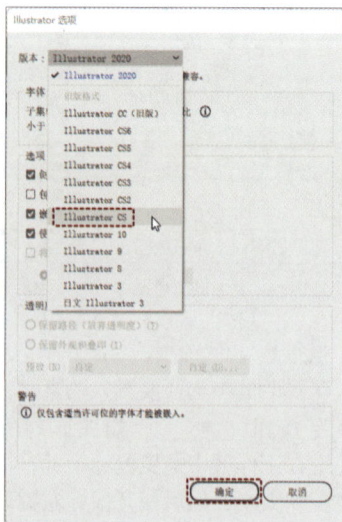
图1-17

1.2.2　新建文件

在Illustrator中新建文件有以下两种常用方法。

1.　通过主页选项新建文件

启动Illustrator应用程序，进入欢迎界面，在左侧的主页选项中单击"新文件"按钮 新文件，如图1-18所示。在打开的"新建文档"对话框中进行文件设置，然后单击"创建"按钮 创建 以创建新文件，如图1-19所示。

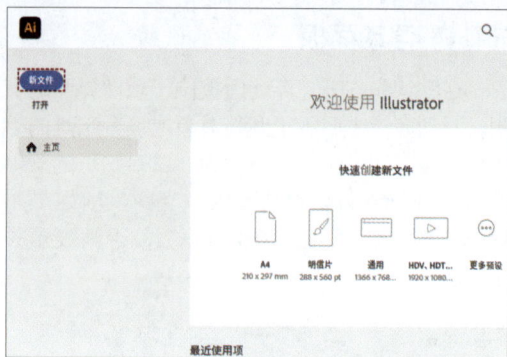
图1-18

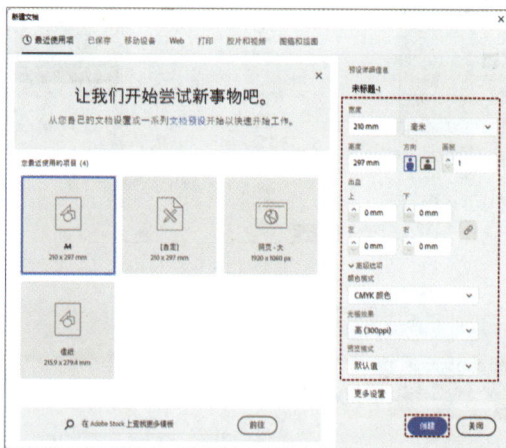
图1-19

技巧与提示

在欢迎界面中，单击其中的一种预设模板，可以快速创建指定的新文档。

2.　通过菜单命令新建文件

启动Illustrator应用程序，执行"文件>新建"菜单命令（或按Ctrl+N组合键），如图1-20所示，即可在弹出的"新建文档"对话框中创建新文件。

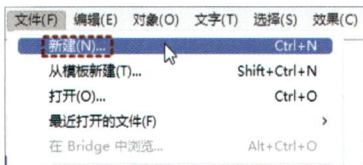

图1-20

技巧与提示

执行"文件>从模板新建"菜单命令可以打开"从模板新建"对话框。在对话框中，用户可以选择预设的模板，从而快速新建指定的文档，如图1-21所示。

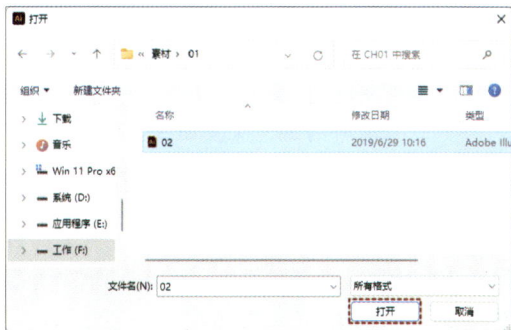

图1-21

1.2.3　打开文件

在Illustrator中打开文件有以下3种常用方法。

1. 通过主页选项打开文件

启动Illustrator应用程序，在左侧的主页选项中单击"打开"按钮 新开 ，如图1-22所示。在弹出的"打开"对话框中选择需要打开的文件，然后单击"打开"按钮 打开 打开该文件，如图1-23所示。

图1-22

图1-23

2. 通过菜单命令打开文件

启动Illustrator应用程序，执行"文件>打开"菜单命令（或按Ctrl+O组合键），如图1-24所示。然后，在"打开"对话框中选择并打开所需文件。

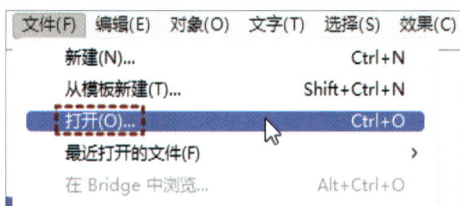

图1-24

技巧与提示

执行"文件>最近打开的文件"菜单命令，可以在子菜单中选择并快速打开最近使用的文件，如图1-25所示。

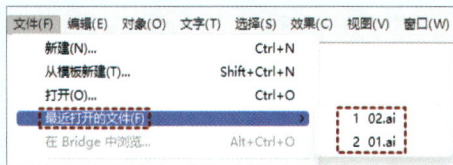

图1-25

3. 在Windows中打开文件

在Windows资源管理器中，直接双击文件，或者将文件拖曳到Illustrator中的标题栏上，即可打开该文件。

1.2.4　保存文件

文件在编辑和处理的过程中需要进行保存，以便以后进行编辑和使用。在Illustrator

的操作过程中，要养成及时保存文件的良好习惯，以避免因死机或断电等问题造成的损失。

1. 保存文件的方法

执行"文件>存储"菜单命令（或按Ctrl+S组合键），在打开的"存储为"对话框中设置文件的存储名称、路径和文件格式等参数，然后单击"保存"按钮完成存储，如图1-26所示。首次保存文件时，会弹出"Illustrator选项"对话框，可以在对话框中设置文件的版本等选项，如图1-27所示，然后单击"确定"按钮完成文件的保存。

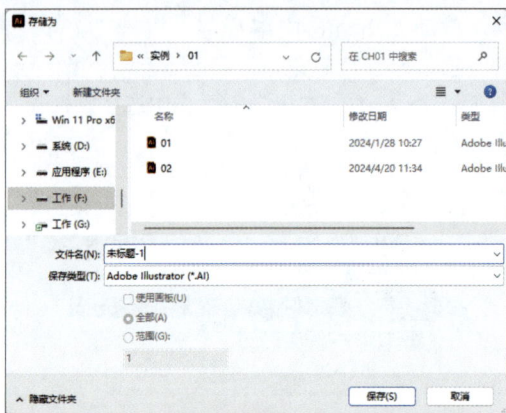

图1-26

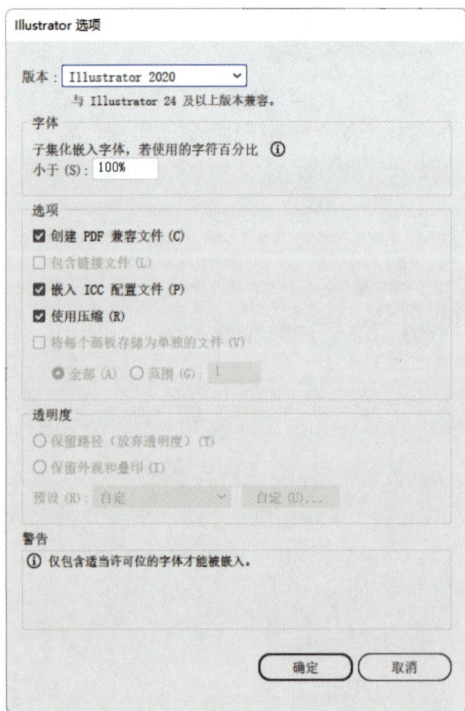

图1-27

2. 文件的存储格式

在"存储为"对话框的"保存类型"下拉列表中，可以选择Illustrator的文件存储格式，其中包括AI、PDF、EPS、AIT、SVG和SVGZ等，如图1-28所示。

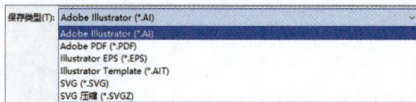

图1-28

Illustrator常用的文件存储格式介绍如下。

● AI：Illustrator专用的文件存储格式。

● PDF：Adobe可移植文档格式，常用于跨平台、跨软件的文件编辑。

● EPS：一种综合性的通用交换文档格式，其通用性不如PDF格式文件。

1.2.5 置入文件

置入文件是指将外部文件置入到Illustrator的文件中。Illustrator支持PDF、EPS、JPG、PNG、DWG等文件格式的置入。

1. 置入操作

执行"文件>置入"菜单命令，在打开的对话框中选中需要置入的文件，然后单击"置入"按钮，如图1-29所示，将鼠标指针移动到工作区的空白处并单击（或按住鼠标进行拖曳，指定图形的放置位置和大小），完成文件的置入，如图1-30所示。

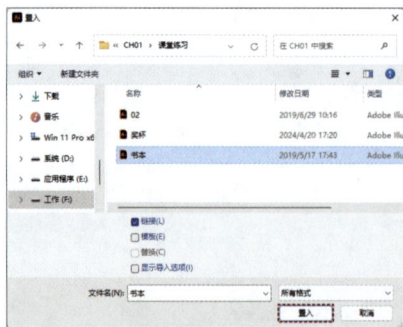

图1-29

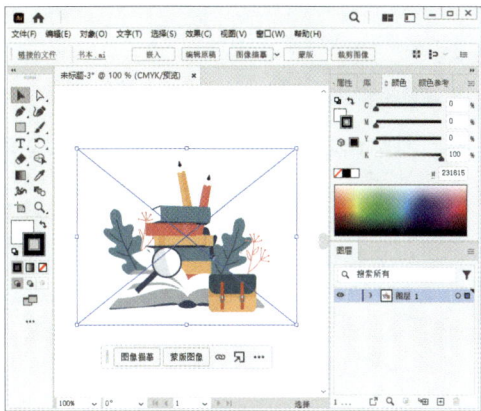

图1-30

2. 文件的链接与嵌入

在默认情况下，置入的位图文件为"链接"状态。链接是指置入的位图文件不包含在AI文件内，而是通过链接位图的存储路径（外链）的方式，将位图文件置入到AI文件中。链接的文件会附加显示为×形，并且控制栏的"对象类型"会显示为"链接的文件"。置入文件后，可以在控制栏中单击"嵌入"按钮，完成文件的嵌入，如图1-31所示。

图1-31

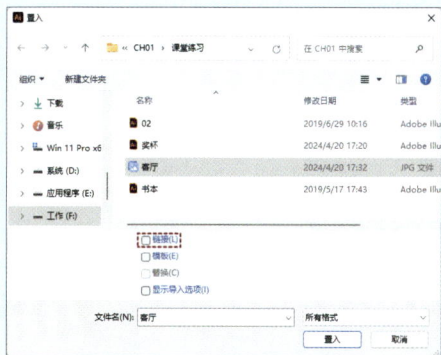

图1-32

AI文件内置入链接的文件的优点是，AI文件的存储空间占用较小，并且在使用其他程序修改位图后，只需在Illustrator中更新链接，即可更新位图，不必重新置入。AI文件内置入链接的文件的缺点是，在移动或传输AI文件时，必须将其与所链接的位图一起移动，否则会出现链接位图丢失的情况。

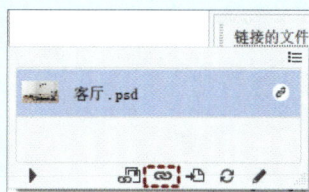

图1-33

3. 置入Photoshop PSD格式文件

Illustrator能够完美置入PSD格式文件。可以在Photoshop中编辑链接状态下的PSD格式文件，然后在Illustrator中更新链接，从而大幅度提升设计效率。

4. 置入图像的管理

执行"窗口>链接"菜单命令，在打开的"链接"面板中，可以看到所有置入的图像，并且可以对这些图像进行"重新链接""转至链接""更新链接"等操作，如图1-34所示。

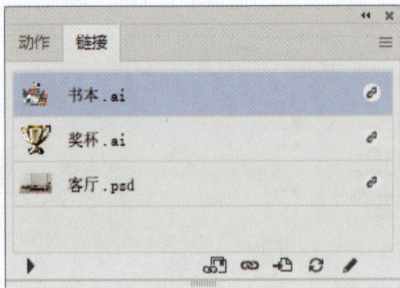

图1-34

1.2.6 导出文件

在Illustrator中,可以将文件导出为不同的格式,以方便用户使用第三方软件进行编辑或者直接应用。

执行"文件>导出>导出为"菜单命令以打开"导出"对话框。选择要导出文件的存储路径,然后在"文件名"文本框中输入文件名称。接着,选择"保存类型",最后单击"导出"按钮即可导出文件,如图1-35所示。

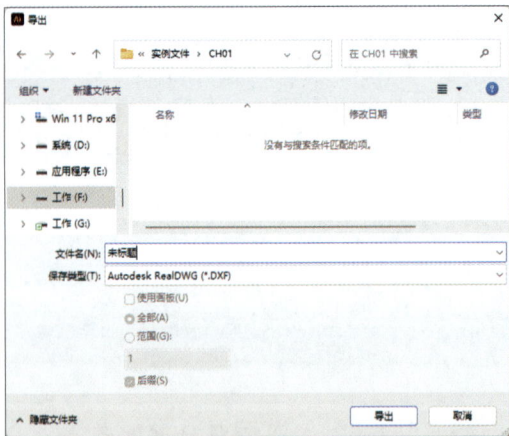

图1-35

在"导出"对话框中的"保存类型"下拉列表中,用户可以根据需要选择导出文件的格式,如图1-36所示。

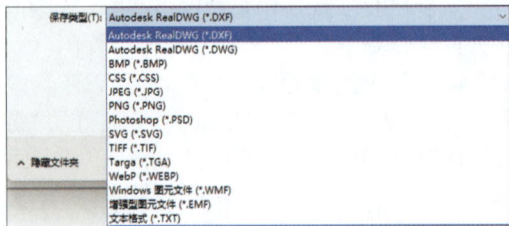

图1-36

1.3 绘图基础

使用Illustrator进行绘图操作,需要掌握一些基础知识,如了解矢量图与位图、熟悉视图操作与画板操作等。

1.3.1 课堂案例:绘制海滩插画

效果文件位置	实例文件>CH01>课堂案例>课堂案例:绘制海滩插画.ai
素材文件位置	素材文件>CH01>课堂案例>素材03.ai、01.jpg
技术掌握	视图操作、选择工具和置入工具的基础使用方法

课堂案例:绘制海滩插画

本案例绘制的插画效果如图1-37所示。

图1-37

(1)打开"03.ai"素材文件,置入"01.jpg"文件,单击工具栏中的"缩放工具" 🔍,如图1-38所示。然后按住鼠标左键在工作区内左右移动进行视图的缩放,适当调整视图的大小,如图1-39所示。

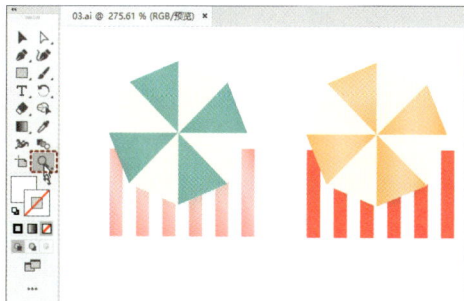

图1-38

图1-39

（2）单击并按住工具栏中的"缩放工具" ，在弹出的工具列表中选择"抓手工具" ，如图1-40所示。然后按住鼠标左键在工作区内移动视图，如图1-41所示。

图1-40

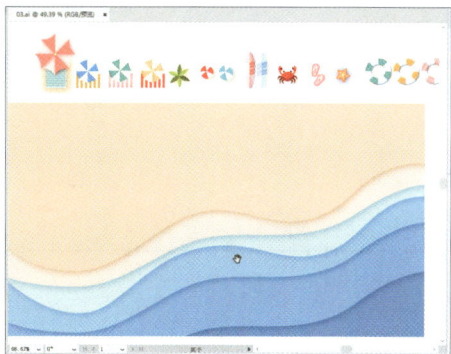

图1-41

（3）选择工具栏中的"选择工具" ，将红色的沙滩伞移动到海滩的左上角，如图1-42所示。

图1-42

（4）单击并按住工具栏中的"旋转工具" ，在弹出的工具列表中选择"比例缩放工具" ，如图1-43所示。然后双击工具栏中的"比例缩放工具" ，在打开的"比例缩放"对话框中，将"等比"参数设置为150%，再单击"确定"按钮进行确认，如图1-44所示。

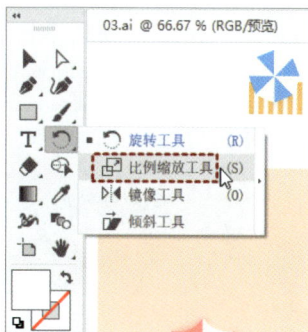

图1-43

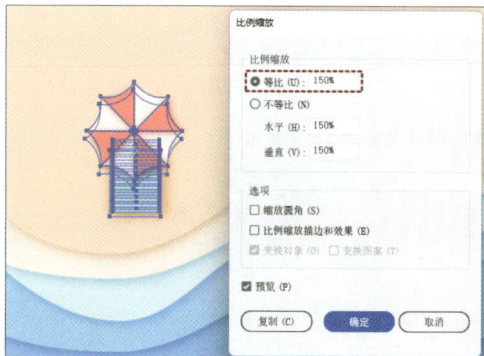

图1-44

（5）切换到"属性"浮动面板，然后将旋转角度设置为30°，如图1-45所示。

（6）使用"选择工具" 将另外3个沙滩伞移动到海滩顶部，如图1-46所示。

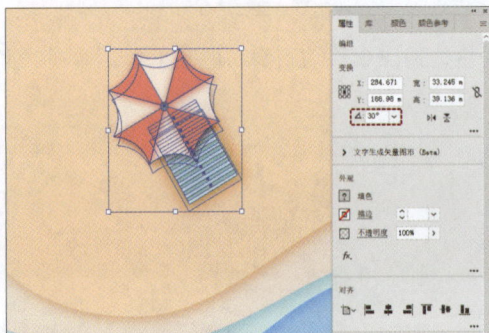

图1-45

图1-46

（7）将两块冲浪板移动到海滩的中间位置，并适当旋转角度，如图1-47所示。然后，将两个皮球移动到沙滩上，并适当调整大小，如图1-48所示。

图1-47

图1-48

（8）将螃蟹移动到沙滩上，然后按住Alt键移动复制一个，并适当调整大小，如图1-49所示。

示。再将拖鞋移动到沙滩伞旁边，如图1-50所示。

图1-49

图1-50

（9）按照上述方法，在插画中添加椰子树、救生圈和海星元素，如图1-51所示。

图1-51

（10）使用工具栏中的"矩形工具"▢绘制一个与底图大小相同的矩形，如图1-52所示。

图1-52

（11）选中所有对象，单击鼠标右键，在弹出的菜单中选择"建立剪切蒙版"选项，如

图1-53所示，最终效果如图1-54所示。

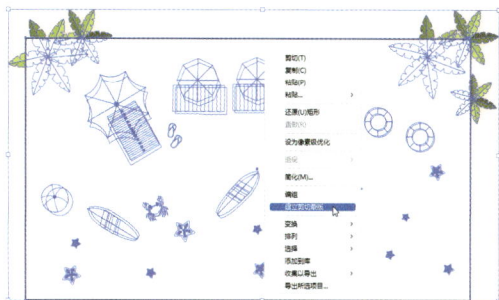

图1-53

图1-54

1.3.2　认识矢量图与位图

Illustrator不仅可以编辑矢量图和位图，还可以在矢量图和位图之间进行转换。

1. 矢量图

矢量图也称为向量图，是由计算机生成的，由点、线、面组成的图形。矢量图包含轮廓、色彩和位置信息，适用于创意设计、工业设计、计算机辅助设计（CAD）、插画绘制等应用场景。常用的矢量图编辑软件包括Illustrator、CorelDRAW、AutoCAD、Inkscape等。

矢量图具有以下特点。

• 矢量图只能由计算机生成。

• 矢量图文件占用空间小，可以近乎无限放大而不丢失图像细节，如图1-55所示。

图1-55

• 矢量图的色彩表现较为有限，难以呈现诸如风景、物品、人物等包含丰富色彩细节的图像。

2. 位图

位图，也称作点阵图，是由一个个像素点组合而成的图像。位图的质量取决于组成它的像素点数量，单位面积内包含的像素越多，图像越清晰，但其文件占用的存储空间也越大。最常用的位图编辑软件是Photoshop。

相机拍摄的照片都是位图，位图被放大后会出现马赛克现象，如图1-56所示。

图1-56

1.3.3　视图操作

视图操作是使用Illustrator这款软件必须掌握的基础技能。

1. 视图的缩放

视图的缩放主要有以下5种方法。

方法1：按Z键，激活"缩放工具" 🔍 ，然后按住鼠标左键并在工作区内左右移动进行视图的缩放。

方法2：按住Alt键，然后滚动鼠标中键进行视图的缩放。

方法3：按Ctrl++组合键放大视图；按Ctrl+-组合键缩小视图。

方法4：按Ctrl+1组合键显示实际大小；按Ctrl+0组合键显示合适窗口大小。

方法5：通过修改状态栏显示比例来进行视图的缩放。

2. 视图的平移

视图的平移主要有以下2种方法。

方法1：按H键激活"抓手工具" ✋ ，然后按住鼠标左键在工作区内自由移动平移视图。

方法2：按住空格键，在工作区内自由移动平移视图。

💡 **技巧与提示**

在实际操作中，结合使用视图的"缩放"和"平移"功能可以极大提高编辑效率。在此，建议将"视图缩放方法2"和"视图平移方法2"相结合进行操作。

3. 屏幕模式

执行"视图>屏幕模式"菜单命令，在子菜单中选择所需的屏幕模式，如图1-57所示；或者在工具栏中单击"更改屏幕模式"按钮 🖵，如图1-58所示；也可以通过按F键来更改屏幕模式。

图1-57

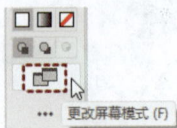

图1-58

4. 使用标尺

Illustrator中的标尺和参考线主要用于辅助设计。可以通过执行"视图>标尺>显示标尺/隐藏标尺"菜单命令，或按Ctrl+R组合键来显示或隐藏标尺。图1-59展示了标尺的效果。

图1-59

5. 设置参考线

将鼠标指针移动到标尺上，按住鼠标左键向工作区拖曳，拉出参考线。然后，将参考线移动到合适的位置后松开鼠标左键，即完成参考线的设置，如图1-60所示。

图1-60

6. 网格设置

执行"视图>显示网格/隐藏网格"菜单命令或按Ctrl+"组合键，可以显示或隐藏网格。

> **技巧与提示**
>
> 按Ctrl+K组合键打开"首选项"对话框。在左侧的菜单中选择"参考线和网格"，可以对"参考线"和"网格"的参数进行详细设置。

7. 智能参考线

在默认状态下，Illustrator会自动启用"智能参考线"。使用"智能参考线"可以自动吸附或对齐对象。可以在"首选项"对话框中对"智能参考线"进行详细的参数设置。

1.3.4 画板操作

在文件编辑的过程中，可以使用"画板工具"编辑或调整当前画板的参数。

1. 新建画板

单击工具栏中的"画板工具" 🗖，或按Shift+O组合键，进入画板编辑模式。然后在控制栏中单击"新建画板"按钮 🗖，可以在当前已有的画板尺寸规格上创建新的画板，如图1-61所示。

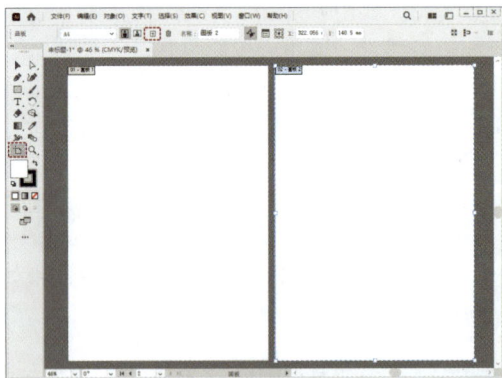

图1-61

> **技巧与提示**
>
> 在画板编辑模式下，在页面空白处按住鼠标左键并拖曳，可以绘制出自定义大小的画板，如图1-62所示。

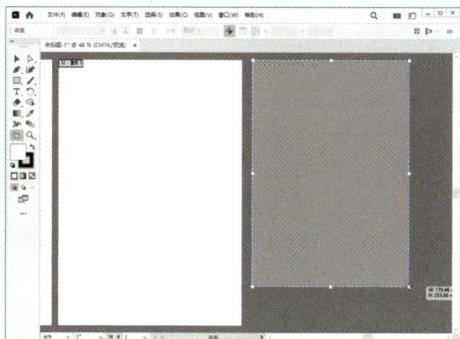

图1-62

2. 复制画板

在画板编辑模式下，选中当前画板，按住Alt键，然后按住鼠标左键将画板拖曳到页面空白处，即可复制画板，如图1-63所示。

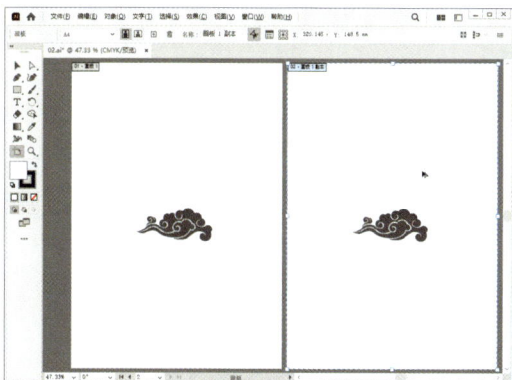

图1-63

💡 **技巧与提示**

在默认情况下，控制栏中的"移动/复制带画板的图稿"是激活状态，因此在复制画板的同时，画板内的画稿也将被一同复制。

3. 删除画板

在画板编辑模式下，选中需要删除的画板，按Delete键，或者在控制栏中单击"删除画板"🗑️按钮，即可删除选中的画板，如图1-64所示。

图1-64

4. 设置画板

在画板编辑模式下，在控制栏中单击"画板

选项"按钮📋打开"画板选项"对话框，可以设置画板的名称、大小等参数，如图1-65所示。

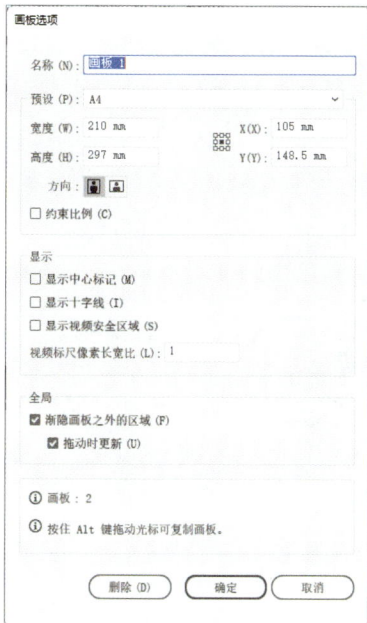

图1-65

执行"窗口>画板"菜单命令打开"画板"浮动面板，单击左下角的"重新排列所有画板"按钮📑，如图1-66所示。在弹出的对话框中设置画板的排列样式，如图1-67所示。

图1-66

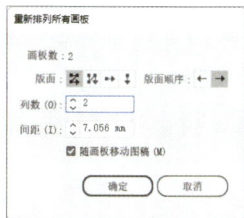

图1-67

1.3.5　设置快捷键

执行"编辑>键盘快捷键"菜单命令或按Ctrl+Shift+Alt+K组合键，可以打开"键盘快捷键"对话框。在该对话框中，可以查找Illustrator的所有快捷键，如图1-68所示。单击动作命令后面对应的快捷键选项，可以激活并重新设置快捷键，如图1-69所示。

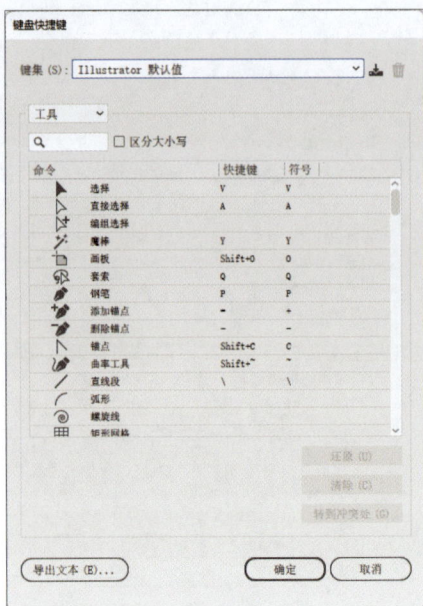

图1-68

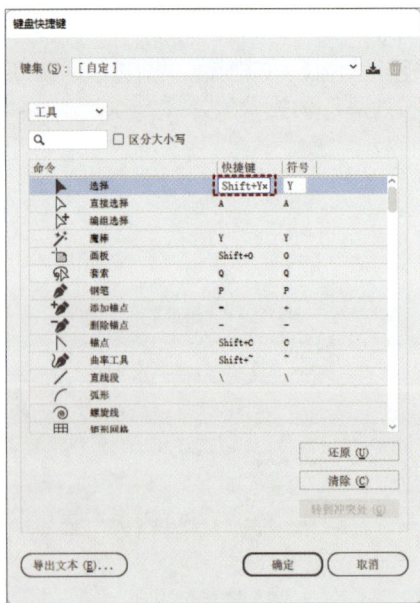

图1-69

1.4 课后习题

请运用已掌握的知识进行课后练习，通过"导出阿拉伯数字"和"给彩虹添加颜色"案例

巩固文件操作和功能面板的使用方法和技巧。

1.4.1 导出阿拉伯数字

效果文件位置	实例文件>CH01>课后习题>导出阿拉伯数字.ai
素材文件位置	素材文件>CH01>课后习题> 01.ai
技术掌握	掌握画板的操作和导出功能的运用

课后习题：导出阿拉伯数字

习题要求：将图1-70所示的阿拉伯数字一次性导出成0、1、2、3、4、5、6、7、8、9（共10张）位图。导出的位图格式为JPG，分辨率为72ppi，颜色模式为RGB。

图1-70

参考步骤

（1）打开"01.ai"素材，然后进入画板编辑模式，如图1-71所示。

图1-71

（2）将鼠标指针移动到其中一个对象上，双击画板，画板将自动调整为该对象的大小，如图1-72所示。然后，新建一个画板，重复上述操作。

图1-72

（3）执行"文件>导出>导出为"菜单命令，在"导出"对话框中，将保存类型设置为"JPEG"，然后选中"使用画板"复选框，如图1-73所示。

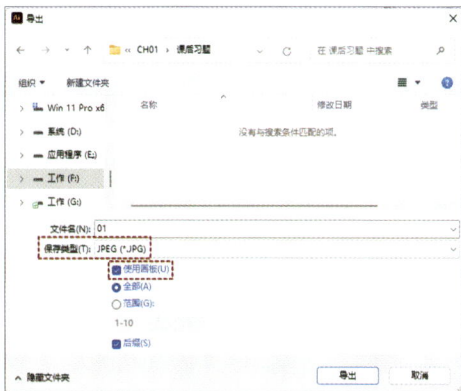

图1-73

（4）在"JPEG选项"对话框中设置位图的导出参数，如图1-74所示。

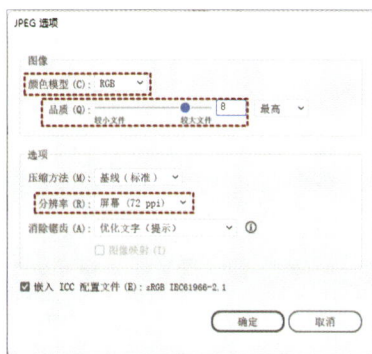

图1-74

1.4.2　给彩虹添加颜色

效果文件位置	实例文件>CH01>课后习题>给彩虹添加颜色.ai	
素材文件位置	素材文件>CH01>课后习题> 02.ai	
技术掌握	掌握视图的显示操作和初步掌握颜色面板的操作	课后习题：给彩虹添加颜色

习题要求：为插画中的彩虹对象添加颜色，效果如图1-75所示（注：此处彩虹经过了艺术渲染，颜色与实际不符。）。

图1-75

参考步骤

（1）打开"02.ai"素材，在状态栏的视图缩放列表框中选择"满画布显示"选项，使视图充满画布，如图1-76所示。

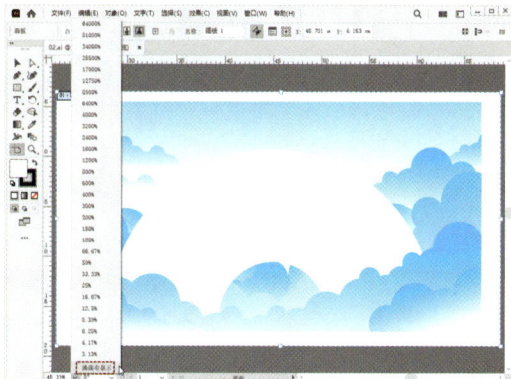

图1-76

（2）选择第一条彩虹，打开"颜色"面板，在色谱上吸取红色，或在面板中输入色值（C:0，M:100，Y:100，K:0），如图1-77所示，效果如图1-78所示。

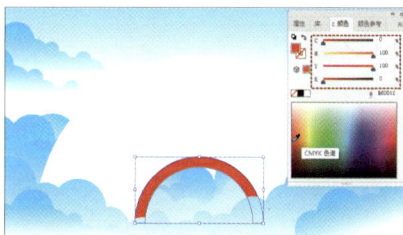

图1-77

图1-78

（3）按照上述方法将剩余的彩虹填上颜色，如图1-79所示。

图1-79

第 2 章　绘图工具的使用

在 Illustrator 中，绘图工具是绘制复杂图形的必备工具。大家不仅要掌握矩形、椭圆、多边形、直线段和弧线段等形状的绘制方法，还要掌握路径和锚点的概念，学会如何编辑路径和锚点。

学习重点

- 矩形工具
- 椭圆工具
- 多边形工具
- 星形工具
- 直线段工具
- 弧线段工具
- 钢笔工具
- 锚点工具

2.1　基本图形工具

基本图形工具用于绘制基本的矢量图形，包括矩形、椭圆、多边形和星形等。

工具名称	工具图标	工具作用	重要程度
矩形工具		以对角拖曳或对话窗口绘制矩形	高
圆角矩形工具		以对角拖曳或对话窗口绘制圆角矩形	中
椭圆工具		以对角拖曳或对话窗口绘制椭圆形	高
多边形工具		使用该工具绘制多边形，并调整多边形的边数	高
星形工具		绘制星形	高
光晕工具		绘制镜头光晕效果	中
直线段工具		绘制直线段	高
弧线段工具		绘制弧线段	高
螺旋线工具		绘制螺旋线	中
矩形网格工具		绘制矩形网格图形	中
极坐标网格工具		绘制极坐标网格图形	中
画笔工具		带描边效果的手绘路径工具，可以添加笔刷	中
斑点画笔工具		带填充效果的手绘工具	中
Shaper工具		智能手绘工具，可以智能识别手绘图形	中
铅笔工具		手绘开放或闭合路径	中
平滑工具		为路径添加平滑效果	中
路径橡皮擦工具		删除部分路径	中
连接工具		连接路径	中

工具名称	工具图标	工具作用	重要程度
钢笔工具		绘制任意直线段或曲线段	高
添加锚点工具		添加路径上的锚点	高
删除锚点工具		删除路径上的锚点	高
锚点工具		编辑路径上的锚点及手柄	高
弯曲工具		快速绘制路径	高

2.1.1 课堂案例：绘制新春海报

效果文件位置	实例文件>CH02>课堂案例>绘制新春海报.ai
素材文件位置	无
技术掌握	掌握基本绘图工具的使用方法

课堂案例：绘制新春海报

本案例中绘制的新春海报效果如图2-1所示。

图2-1

（1）新建一个文档，在工具栏中单击"基本图形工具"下拉按钮，在弹出的工具面板中选择"椭圆工具" ，如图2-2所示。然后在页面空白处拖曳鼠标绘制1个椭圆形，双击工具栏中的"填色"选项，打开"拾色器"对话框，设置该椭圆形的填充色为浅红色（C:13，M:81，Y:70，K:0），如图2-3所示。

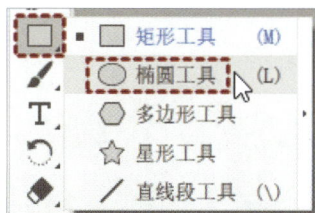

图2-2

（2）在"属性"面板中设置椭圆的宽为150mm、高为100mm，如图2-4所示，创建的

椭圆效果如图2-5所示。

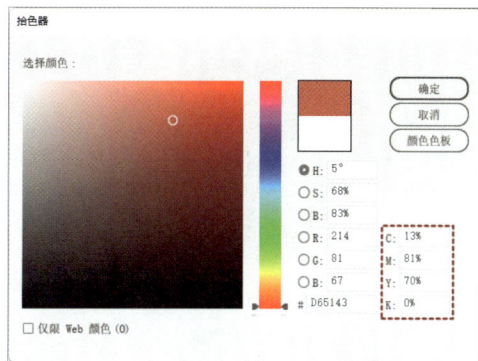

图2-3

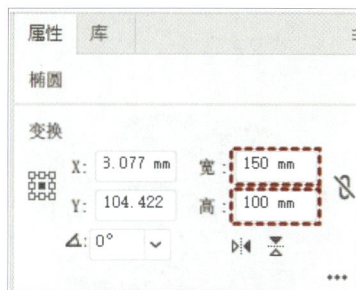

图2-4

图2-5

（3）选中该椭圆，依次按快捷键Ctrl+C和Ctrl+F，复制1个椭圆，然后将该椭圆的填充色设置为红色（C:20，M:91，Y:78，K:0），然后，再调整其大小（宽115mm、高100mm），如图2-6所示。

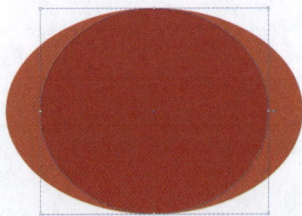
图2-6

（4）参照步骤（3），再复制1个椭圆，将该椭圆的填充色设置为红色（C:28，M:96，Y:91，K:0），然后调整其大小（宽75mm、高100mm），如图2-7所示。

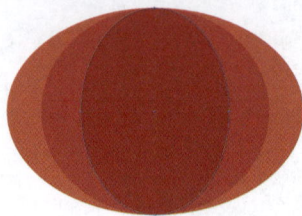
图2-7

（5）继续按照上述步骤，复制1个椭圆，将该椭圆的填充色设置为深红色（C:33，M:100，Y:98，K:1），然后调整其大小（宽35mm、高100mm），最后选中全部椭圆，按快捷键Ctrl+G编组对象，如图2-8所示。

图2-8

（6）单击工具栏中的"编辑工具栏"按钮•••，在工具面板中选择"圆角矩形工具" ▢，如图2-9所示。

图2-9

（7）使用"圆角矩形工具"绘制1个圆角矩形，将填充色设置为金色（C:25，M:40，Y:65，K:0），按快捷键Shift+F8打开"变换"面板，设置圆角矩形的宽为58mm、高为8.5mm、圆角半径为4.25mm，如图2-10所示，然后将该圆角矩形与椭圆形水平居中对齐，如图2-11所示。

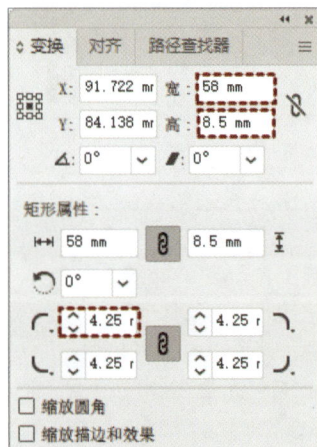
图2-10

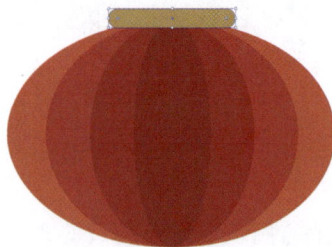
图2-11

（8）使用工具栏中的"矩形工具" ▢绘制1个宽40mm、高5mm的矩形，将填充色设置为金色（C:25，M:40，Y:65，K:0），接着，将该矩形与刚才绘制的圆角矩形水平居中对齐，并将这2个对象编组，完成"灯架上半部分"的绘制，如图2-12所示。

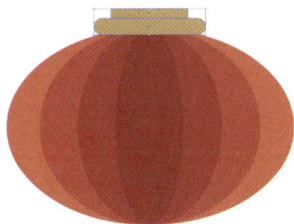

图2-12

（9）将"灯架上半部分"复制1个到灯笼的下方，如图2-13所示。

图2-13

（10）在"属性"面板中单击"垂直轴翻转"按钮，如图2-14所示，即可完成对象的垂直翻转，效果如图2-15所示。

图2-14

图2-15

（11）使用"矩形工具" ▢绘制1个宽2mm、高25mm的矩形，将其移动到灯笼的顶部，并水平居中对齐；接着绘制1个宽2mm、高30mm的矩形，将其移动到灯笼的底部，并水平居中对齐。然后，将这2个矩形的填充色设置为咖啡色（C:35，M:60，Y:80，K:25），如图2-16所示。

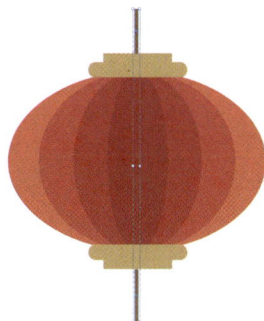

图2-16

（12）使用"矩形工具" ▢绘制1个宽12mm、高65mm的矩形，设置填充色为深红色（C:33，M:100，Y:98，K:1）。然后，将矩形的上部两个边角调整为最大圆角半径，并将该圆角矩形与灯笼的底部水平居中对齐，如图2-17所示。

（13）使用"矩形工具" ▢绘制1个宽12mm、高9mm的矩形，设置填充色为黄色（C:0，M:0，Y:100，K:0）。接着，绘制1个宽12mm、高3mm的矩形，设置填充色为浅红色（C:13，M:81，Y:70，K:0）。然后，将这2个矩形与之前绘制的圆角矩形水平居中对齐，如图2-18所示。

图2-17

图2-18

（14）使用"矩形工具" ▢绘制1个宽1mm、高25mm的矩形，设置填充色为红色（C:20，M:91，Y:78，K:0），将该矩形与"灯笼底部"靠左对齐，如图2-19所示。然后按住Alt键向右复制1个该矩形，如图2-20所示。最后按快捷键

Ctrl+D复制该矩形,完成"灯穗"的绘制,如图2-21所示。

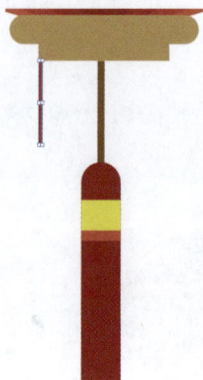

图2-19

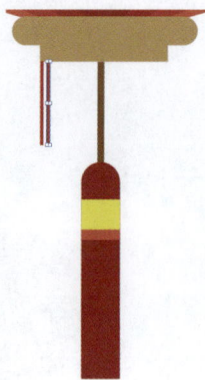

图2-20

图2-21

（15）使用"矩形工具" ▢ 绘制1个宽480mm、高275mm的矩形,将填充色设置为浅黄色（C:0,M:0,Y:20,K:0）,然后按快捷键Ctrl+Shift+[将该矩形置于最底层,最后将"灯笼"编组,移动到刚才绘制的矩形的右侧,垂直居中对齐,如图2-22所示。

图2-22

（16）使用工具栏中的"文字工具" **T** 在页面空白处输入"新春愉快"字样,然后在控制栏中设置字体为"方正宝黑体"、大小为120pt、

填充色为浅红色（C:13,M:81,Y:70,K:0）,最后将该文本对象移动到"灯笼"的左侧,如图2-23所示。

图2-23

（17）参照步骤（16）,使用工具栏中的"文字工具" **T** 在页面空白处输入"HAPPY CHINESE NEW YEAR"字样,设置字体为"方正宝黑体"、大小为91pt、填充色为深红色（C:33,M:100,Y:98,K:1）,然后将其移动到"新春愉快"文本对象的下方,右对齐,如图2-24所示。

图2-24

（18）按照上述步骤,使用工具栏中的"文字工具" **T** 在页面空白处输入"2024甲辰年"字样,设置字体为"方正宝黑体"、大小为48pt、填充色为红色（C:20,M:91,Y:78,K:0）,然后将其移动到英文文本对象的下方,右对齐;最后编组所有文本对象,适当调整该文本与灯笼的位置,最终效果如图2-25所示。

图2-25

2.1.2 矩形工具

使用"矩形工具" 📭 并拖曳鼠标可以绘制矩形，也可以使用对话窗口来绘制矩形。

1. 矩形绘制方法

方法1：使用鼠标绘制矩形

在工具栏中选择"矩形工具" ⬜，然后将鼠标指针移动到页面空白处，按住鼠标左键并朝对角方向进行拖曳，如图2-26所示。在确定大小后松开鼠标左键完成绘制，如图2-27所示。

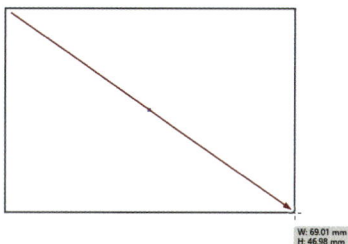

图2-26

图2-27

技巧与提示

在使用鼠标绘制矩形时，按住Shift键可以绘制正方形，如图2-28所示。按住Alt键以起始点为中心绘制矩形；同时按住Shift键和Alt键则以起始点为中心绘制正方形。在不松开鼠标左键的情况下，按住空格键可以移动正在绘制的图形。

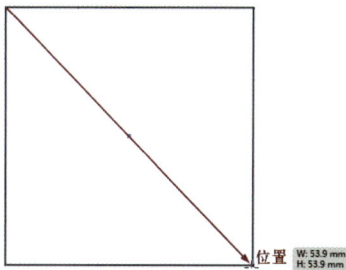

图2-28

方法2：使用对话窗口精确绘制矩形

单击工具栏中的"矩形工具" ⬜，将鼠标指针移动到页面空白处，然后在页面上单击鼠标左键，弹出"矩形"对话框，如图2-29所示。在"宽度"和"高度"后面的文本框中输入数值，单击"确定"按钮完成绘制。

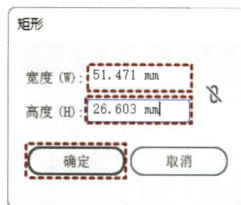

图2-29

2. 矩形的参数设置

矩形的效果可以通过"变换"面板中的参数进行调整。"变换"面板可以通过快捷键Shift+F8打开，如图2-30所示。

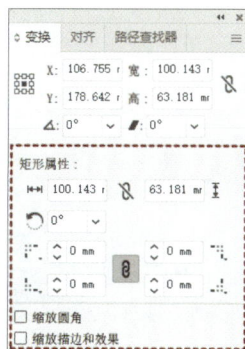

图2-30

技巧与提示

调整基本图形的参数也可以在控制栏和"属性"面板中进行设置，如图2-31和图2-32所示。

图2-31

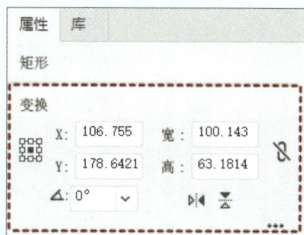

图2-32

矩形工具参数设置介绍

● 矩形宽度 ↔️：在该文本框中输入数值，用以调整矩形的宽度。

● 矩形高度 ↕️：在该文本框中输入数值，用以调整矩形的高度。

● 约束宽度和高度比例 🔗：激活该按钮可以锁定矩形的宽高比例。

● 旋转角度 ◢：在该文本框中输入数值，用以调整矩形的逆时针旋转角度。

● 边角类型 🔲：在下拉列表中选择矩形的3种边角类型，并在"参数"文本框中调整矩形的半径大小，如图2-33所示。

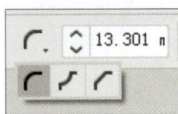

图2-33

● 圆角 ⌜：单击后，边角将转换为圆弧角，如图2-34所示。角的半径大小可以在文本框内输入数值进行设置。

图2-34

● 反向圆角 ⌐：单击后，边角将转换为反向圆角，如图2-35所示。角的半径大小可以在文本框内输入数值进行设置。

图2-35

● 倒角 ⌐：单击后，边角将转换为平切倒角，如图2-36所示。角的半径大小可以在文本框内输入数值进行设置。

● 缩放圆角：勾选此复选框，圆角的半径大小将按照比例进行缩放。

● 缩放描边和效果：勾选此复选框，对象的描边和效果将按照比例进行缩放。

图2-36

我们也可以通过拖曳矩形4个边角上的"边角构件"来调整边角半径的大小，如图2-37和图2-38所示。

图2-37

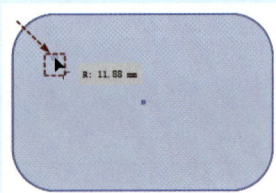

图2-38

2.1.3　圆角矩形工具

使用"圆角矩形工具"并拖曳鼠标可以绘制圆角矩形，或者可以使用对话窗口来绘制矩形。

1. 圆角矩形绘制方法

方法1：使用鼠标绘制

在工具栏中选择"圆角矩形工具" ▢，将鼠标指针移动到页面空白处，然后按住鼠标左键并朝对角方向拖曳，如图2-39所示。在确定大小后松开鼠标左键完成绘制，如图2-40所示。

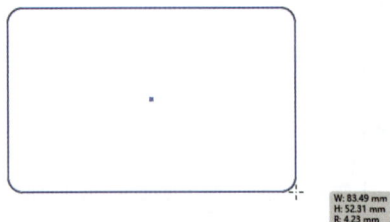

图2-39

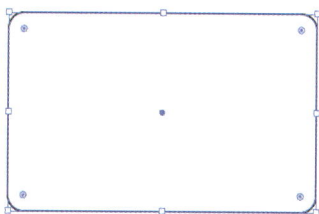

图2-40

方法2：使用对话窗口精确绘制

在工具栏中选择"圆角矩形工具"■，然后将鼠标指针移动到页面空白处，单击鼠标左键会弹出"圆角矩形"对话框，如图2-41所示。在对应的文本框中输入数值，然后单击"确定"按钮完成绘制。

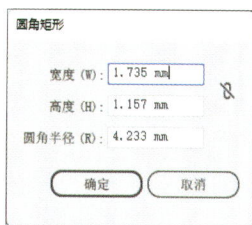

图2-41

2. 圆角矩形的参数设置

圆角矩形的属性可以通过修改控制栏或"属性"面板的参数进行设置，也可以按快捷键Shift+F8打开"变换"面板，通过设置"变换"面板中的参数来调整圆角矩形的效果，如图2-42所示。

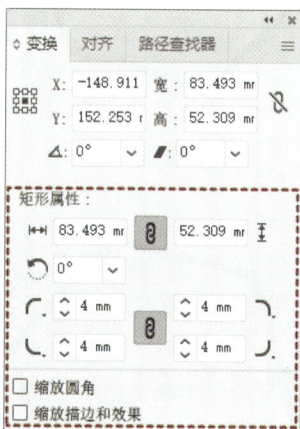

图2-42

2.1.4 椭圆工具

使用"椭圆工具"并拖曳鼠标指针可以绘制椭圆，或者可以使用对话窗口来绘制椭圆。椭圆

的属性可以通过修改控制栏或"属性"面板的参数进行设置。"椭圆工具"的使用方法与"矩形工具"类似。

1. 椭圆绘制方法

方法1：使用鼠标绘制椭圆

在工具栏中选择"椭圆工具"●，然后将鼠标指针移动到页面空白处。按住鼠标左键并朝对角方向拖曳，如图2-43所示。在确定大小后松开鼠标，完成绘制，如图2-44所示。

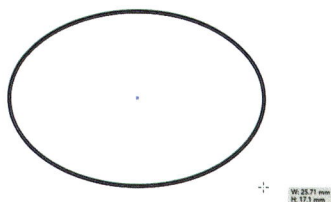

图2-43

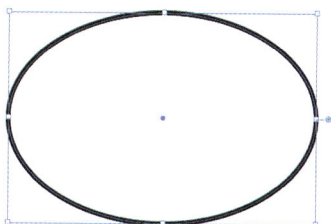

图2-44

💡 **技巧与提示**

在使用鼠标绘制椭圆时，按住Shift键可以绘制圆形，如图2-45所示。按住Alt键以起始点为中心绘制圆形；同时按住Shift键和Alt键则以起始点为中心绘制圆形。

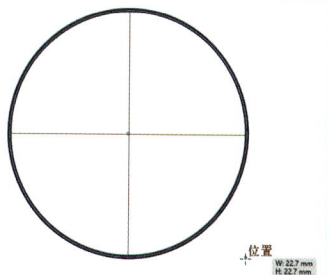

图2-45

方法2：使用对话窗口精确绘制椭圆

在工具栏中选择"椭圆工具"●，然后将鼠标指针移动到页面空白处，在页面上单击鼠标

左键，会弹出"椭圆"对话框，如图2-46所示。在对应的文本框中输入数值，单击"确定"按钮完成绘制。

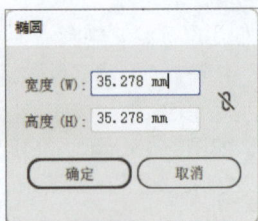
图2-46

2. 椭圆的参数设置

按快捷键Shift+F8打开"变换"面板，通过设置"变换"面板中的参数来调整椭圆的效果，如图2-47所示。

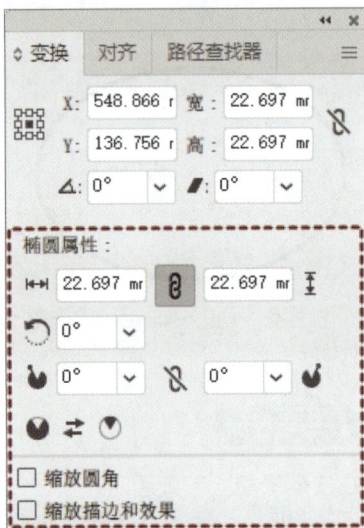
图2-47

椭圆工具参数设置介绍

● 饼图起点角度 🖤/饼图终止角度 🖤：设置饼状图形的起始角度和结束角度的数值，如图2-48所示。

图2-48

● 反转饼图 ⇄：将饼图的样式进行反转，如图2-49所示。

图2-49

2.1.5 多边形工具

"多边形工具"属于基本绘图工具，用于绘制正多边形，其使用方法与其他基本绘图工具的使用方法相似。

1. 多边形绘制方法

方法1：使用鼠标绘制多边形

在工具栏中选择"多边形工具" ◎，然后将鼠标指针移动到页面空白处，按住鼠标左键进行拖曳，如图2-50所示。在确定大小后松开鼠标左键，完成绘制，如图2-51所示。

图2-50

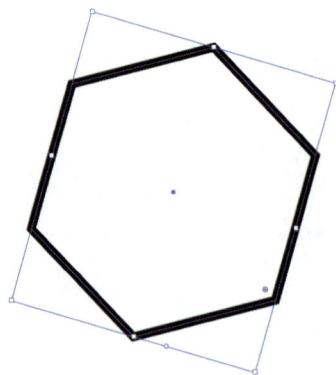
图2-51

在使用鼠标绘制多边形时，按住Shift键可以绘制水平放置的多边形，如图2-52所示。在绘制过程中，按↑键可以增加多边形的边数；按↓键可以减少多边形的边数，多边形的最少边数为3条。

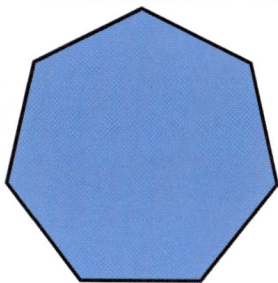

图2-52

方法2：使用对话窗口精确绘制多边形

在工具栏中选择"多边形工具" ⬡，然后将鼠标指针移动到页面空白处，并在页面上单击鼠标左键，弹出"多边形"对话框，如图2-53所示。在对应的文本框中输入数值，单击"确定"按钮完成绘制。

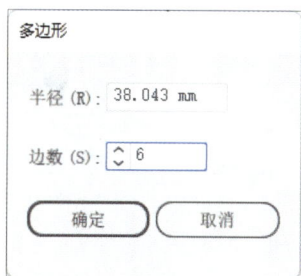

图2-53

2. 多边形的参数设置

按快捷键Shift+F8打开"变换"面板，通过设置"变换"面板中的参数来调整多边形的效果，如图2-54所示。

多边形工具参数设置介绍

● 多边形边数计算 ⊕：设置多边形的边数，最小为3，最大为20。

● 边角类型 ⌐：设置多边形边角的类型，设置方法与矩形边角设置方法相同。

● 多边形半径 ⊖：设置多边形的半径数值。

● 多边形边长 ⬡：设置多边形的边长数值。

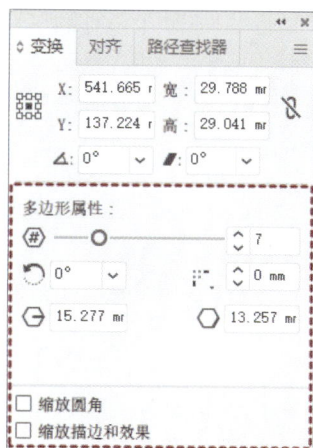

图2-54

2.1.6 星形工具

使用"星形工具"可以绘制星形，其操作方法与"多边形工具"类似。

1. 星形绘制方法

方法1：使用鼠标绘制星形

在工具栏中选择"星形工具" ☆，然后将鼠标指针移动到页面空白处，按住鼠标左键进行拖曳，如图2-55所示。在确定大小后松开鼠标完成绘制，如图2-56所示。

图2-55

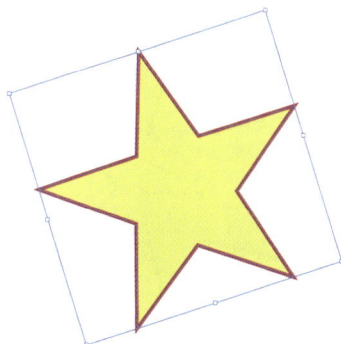

图2-56

方法2：使用对话窗口精确绘制星形

在工具栏中选择“星形工具”，然后将鼠标指针移动到页面空白处，单击鼠标左键会弹出“星形”对话框，如图2-57所示。在对应的文本框中输入数值，单击“确定”按钮以完成绘制。

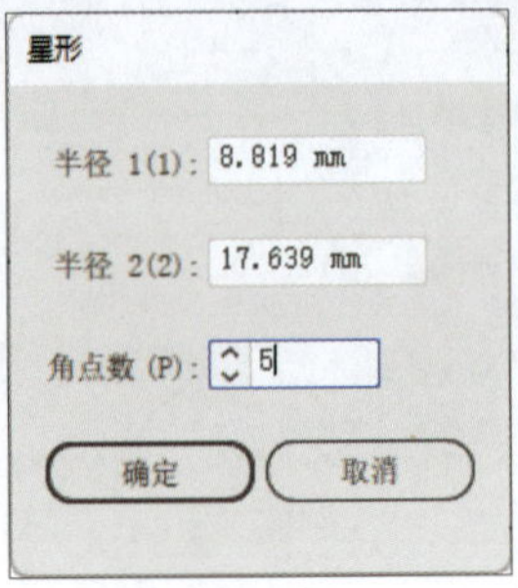

图2-57

2. 星形工具参数介绍

星形的效果可以通过“星形”对话框中的参数来进行设置。

星形工具参数设置介绍

- 半径1：设置星形内点到星形中心的距离，如图2-58所示。

图2-58

- 半径2：设置星形外点到星形中心的距离，如图2-59所示。

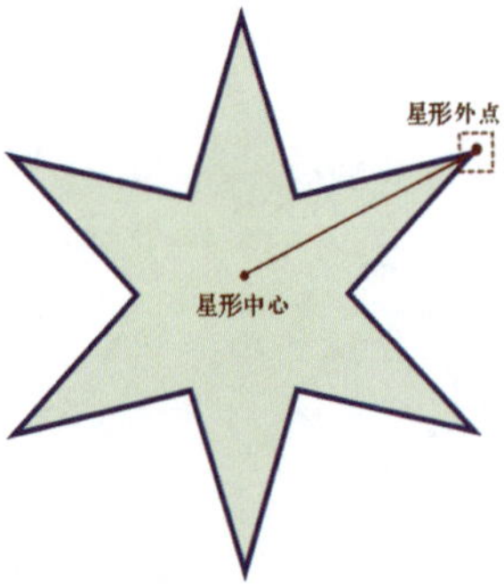

图2-59

- 角点数：设置星形角的数量，最小值为3。

技巧与提示

在使用鼠标绘制星形时，按住Ctrl键可以调解星形内角的大小，如图2-60所示。在绘制过程中，按↑键可以增加星形的角点数；按↓键可以减少星形的角点数，如图2-61所示。

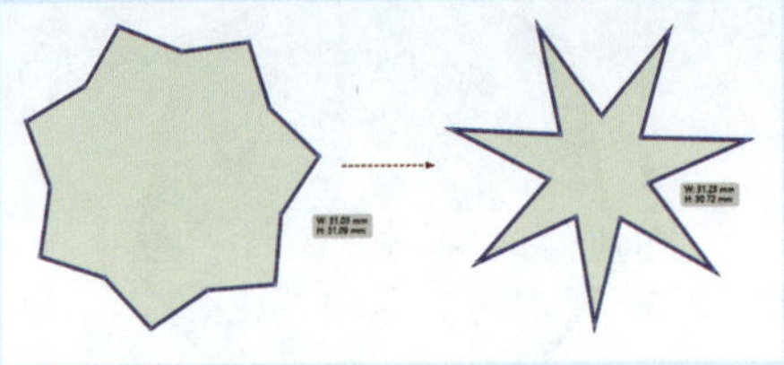

图2-60

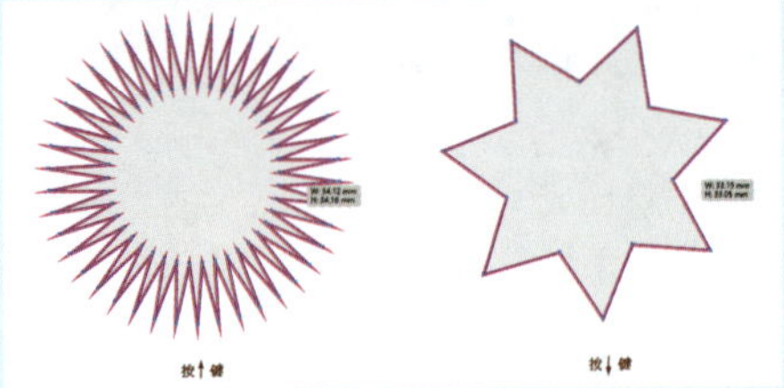

图2-61

2.1.7 光晕工具

“光晕工具”用于绘制镜头光晕效果，可以通过以下两种方法进行绘制。

方法1：使用鼠标绘制光晕

首先，在工具栏中选择“光晕工具”，然后将鼠标指针移动到页面空白处，按住鼠标左键进行拖曳，如图2-62所示。在确定大小后松开鼠标左键，完成大光晕的绘制，如图2-63所示。接着，在页面空白处再次单击鼠标左键，完成整个光晕的绘制，如图2-64所示。

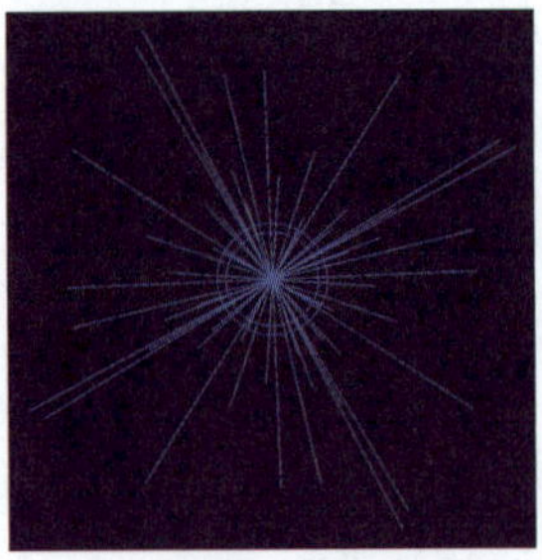

图2-62

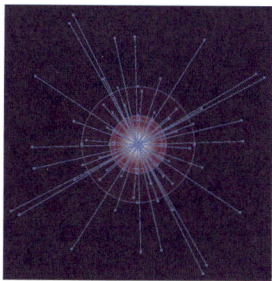

图2-63

图2-64

方法2：使用对话窗口精确绘制光晕

在工具栏中选择"光晕工具" ，然后将鼠标指针移动到页面空白处，并在页面上单击鼠标左键，弹出"光晕工具选项"对话框，如图2-65所示。在对应的文本框中输入所需数值，然后单击"确定"按钮完成绘制。

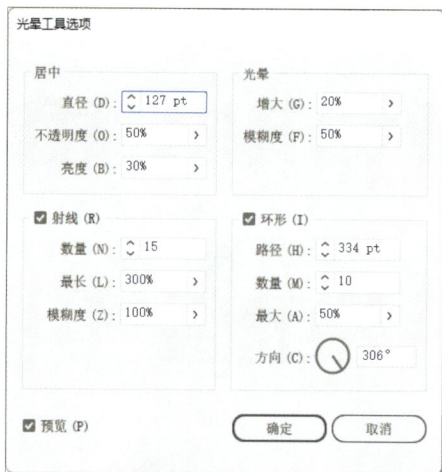

图2-65

2.2 线条的绘制

在Illustrator中，所有的矢量图形均是由点、线、面构成。本节主要讲解基本线条的绘制方法。

2.2.1 课堂案例：绘制优惠券

效果文件位置	实例文件>CH02>课堂案例>绘制优惠券.ai
素材文件位置	无
技术掌握	掌握绘图工具的使用方法

本案例中绘制的优惠券效果如图2-66所示。

图2-66

（1）新建一个颜色模式为CMYK的文档，使用"圆角矩形工具"  在页面空白处绘制一个宽为240px、高为135px、圆角半径为18px的圆角矩形。然后，将该对象的填充色设置为蓝色（C:71，M:11，Y:6，K:0），如图2-67所示。

图2-67

（2）在圆角矩形中间绘制一个宽为220px、高为115px、圆角半径为12px的圆角矩形。按快捷键Ctrl+F10打开"描边"浮动面板，设置描边的"粗细"为2pt，勾选"虚线"复选框，设置"虚线"宽度为6pt，如图2-68所示。然后，将"描边色"设置为白色（C:0，M:0，Y:0，K:0），效果如图2-69所示。

（3）使用"文字工具" **T** 在圆角矩形的左上角输入"优惠券"字样，然后在控制栏中设置字体为"方正粗圆简体"、字体大小为50pt、字体填充颜色为白色（C:0，M:0，Y:0，K:0），效果如图2-70所示。

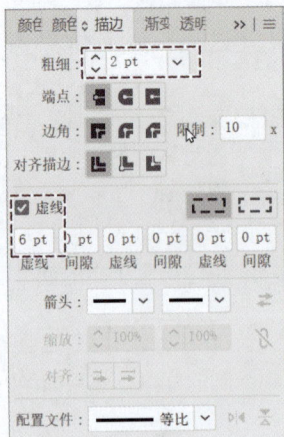

图2-68

图2-69

图2-70

（4）在工具栏中选择"直线段工具" ∕，在文字下方绘制一条长度为150px的水平直线段，如图2-71所示。

图2-71

（5）使用"文字工具" T 输入"店铺满199元立减"字样，设置字体为"方正粗圆简体"、字体大小为20pt、填充颜色为白色（C:0，M:0，Y:0，K:0）。效果如图2-72所示。

图2-72

（6）使用"椭圆工具" ◯ 绘制一个直径为150px的圆形，设置填充色为红色（C:5，M:88，Y:71，K:0），如图2-73所示。然后使用"钢笔工具"在圆形的左下角绘制一个三角形，设置填充色为红色（C:5，M:88，Y:71，K:0），如图2-74所示。

图2-73

图2-74

（7）使用"文字工具" T 在圆形的中心输入"20"字样，设置字体为"方正字悦黑"、字体大小为100pt、字体填充颜色为白色（C:0，M:0，Y:0，K:0），如图2-75所示。然后使用同样的方法，输入文字"元"，设置字体为"方正黑体"、字体大小为30pt、字体填充颜色为白色（C:0，M:0，Y:0，K:0），最终效果如图2-76所示。

图2-75

图2-76

2.2.2 直线段工具

"直线段工具"用于绘制直线段，可以使用鼠标直接绘制，也可以通过对话框精确绘制。

1. 使用鼠标直接绘制直线段

在工具栏中选择"直线段工具"✎，然后将鼠标指针移动到工作区内，按住鼠标左键以确定直线段的起点，并拖曳鼠标指针到工作区内的任意位置后松开鼠标左键，完成绘制，如图2-77所示。

图2-77

技巧与提示

在拖曳鼠标指针绘制直线段时，按住Shift键可以绘制水平/垂直直线段或45°角的直线段。

2. 使用对话框精确绘制直线段

在工具栏中选择"直线段工具"✎，然后将鼠标指针移动到工作区内，单击鼠标以弹出"直线段工具选项"对话框，如图2-78所示。在该对话框内设置直线段的长度、角度和线段填色的参数后，单击"确定"按钮完成绘制。

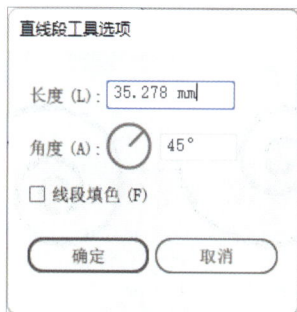

直线段工具选项

长度 (L)：35.278 mm

角度 (A)：45°

□ 线段填色 (F)

确定　取消

图2-78

2.2.3　弧线段工具

"弧线段工具"用于绘制弧线段，其绘制方法与直线段的绘制方法类似。

1. 使用鼠标直接绘制弧线段

在工具栏中选择"弧线段工具"✎，然后将鼠标指针移动到工作区内，按住鼠标左键确定弧线段的起点，然后拖曳鼠标指针到工作区内的任意位置，松开鼠标左键完成绘制，如图2-79所示。

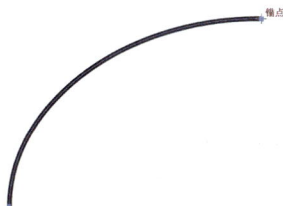

锚点

图2-79

技巧与提示

在拖曳鼠标绘制弧线段时，有以下5种操作技巧。

（1）按住Shift键并拖曳鼠标，可以以45°的角度延伸弧线段，如图2-80所示。

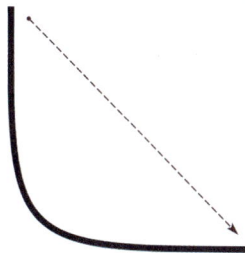

图2-80

（2）按住Alt键并拖曳鼠标，可以延伸弧线段的两端，如图2-81所示。

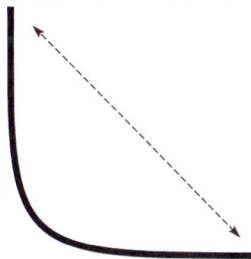

图2-81

（3）按↑键或↓键可以调整弧线段的弯曲度，如图2-82所示。

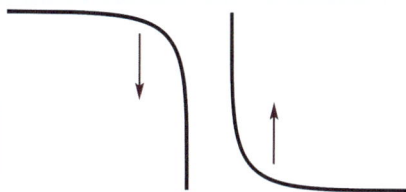

图2-82

（4）按住C键可以闭合或开放弧线段，如图2-83所示。

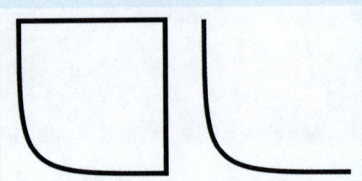
图2-83

（5）按住X键可以对弧线段进行镜像转换，如图2-84所示。

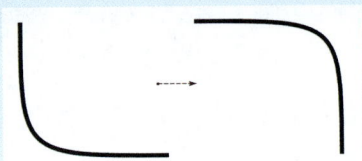
图2-84

2. 使用对话框精确绘制弧线段

在工具栏中选择"弧线段工具" ，然后将鼠标指针移动到工作区内，单击鼠标弹出"弧线段工具选项"对话框，如图2-85所示。在该对话框内设置弧线段的各种参数后，单击"确定"按钮完成绘制。

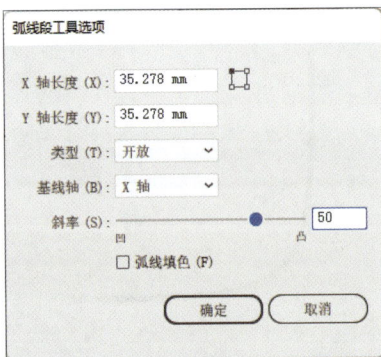
图2-85

弧线段工具参数设置介绍

● X轴长度：在该文本框中输入数值，用于设置弧线段的宽度。

● Y轴长度：在该文本框中输入数值，用于设置弧线段的高度。

● 类型：选择设置弧线段为开放路径或闭合路径。

● 基线轴：选择弧线段的弯曲方向。

● 斜率：设置弧线段的弯曲度，绝对值越大，

弯曲度越大。当数值为0时，弧线段呈直线效果。

● 弧线段填色：勾选此复选框，可对弧线段进行颜色填充。

2.2.4 螺旋线工具

"螺旋线工具"用于绘制螺旋线，其绘制方法与弧线段的绘制方法类似。

1. 使用鼠标直接绘制螺旋线

在工具栏中选择"螺旋线工具" ，然后将鼠标指针移动到工作区内，按住鼠标左键确定螺旋线的起点。接着，拖曳鼠标指针到工作区内的任意位置后松开鼠标左键以完成绘制，如图2-86所示。

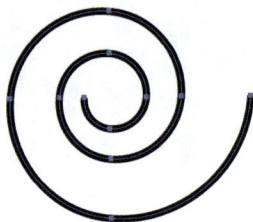
图2-86

💡 **技巧与提示**

在拖曳鼠标指针绘制螺旋线时，有以下3种操作技巧。

（1）按R键可以调整螺旋线的旋转方向（镜像），如图2-87所示。

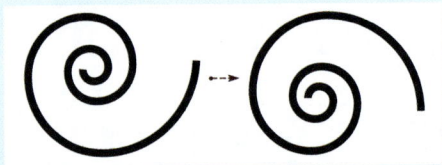
图2-87

（2）按↑键可以增加螺旋线的段数；按↓键可以减少螺旋线的段数，如图2-88所示。

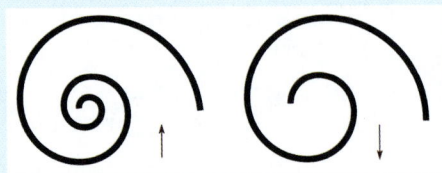
图2-88

（3）按住Ctrl键向圆心方向移动鼠标指针，可以增加螺旋线的圈数，使其变得密集；按住Ctrl键向圆心外移动鼠标指针，可以减少螺旋线的圈数，使其变得稀疏，如图2-89所示。

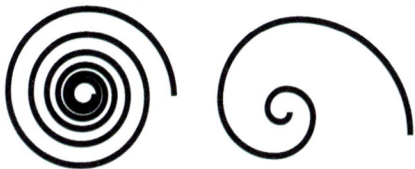

图2-89

2. 使用对话框精确绘制螺旋线

在工具栏中选择"螺旋线工具" ◉ ，然后将鼠标指针移动到工作区内，单击鼠标以弹出"螺旋线"对话框，如图2-90所示。在该对话框内设置螺旋线的各种参数后，单击"确定"按钮以完成绘制。

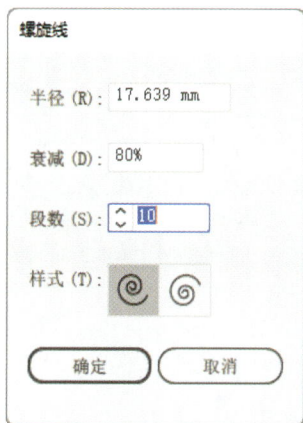

图2-90

螺旋线工具参数设置介绍

- 半径：设置螺旋线中心点到边缘的距离。
- 衰减：该数值越接近100%，所绘制的螺旋线越密集，反之则越稀疏。当衰减数值为100%时，绘制的螺旋线呈圆形。
- 段数：设置螺旋线的段数，段数越多，螺旋线越精细。
- 样式：选择螺旋线的旋转方向。

2.2.5 矩形网格工具

"矩形网格工具"用于绘制矩形网格，可以通过以下两种方式绘制矩形网格。

1. 使用鼠标直接绘制矩形网格

在工具栏中选择"矩形网格工具" ⊞ ，然后将鼠标指针移动到工作区内，按住鼠标左键确定矩形网格的起点，拖曳鼠标指针到工作区内的任意位置后松开鼠标左键，即可完成绘制，如图2-91所示。

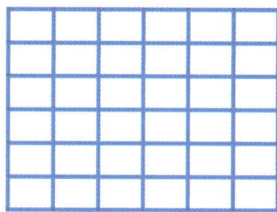

图2-91

💡 技巧与提示

在拖曳鼠标绘制矩形网格时，有以下5种操作技巧。

（1）按↑键可以增加水平分隔线的数量；按↓键可以减少水平分隔线的数量，如图2-92所示。

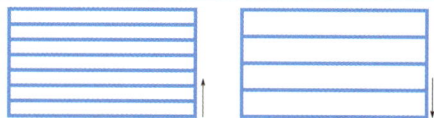

图2-92

（2）按→键可以增加垂直分隔线的数量；按←键可以减少垂直分隔线的数量，如图2-93所示。

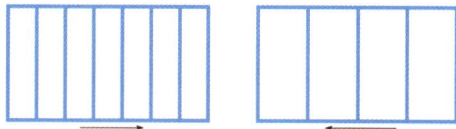

图2-93

（3）每按一次C键，每条垂直分隔线向右侧缩进10%；每按一次X键，每条垂直分隔线向左侧缩进10%，如图2-94所示。

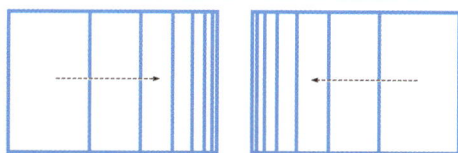

图2-94

（4）每按一次V键，每条水平分隔线向上方缩进10%；每按一次F键，每条水平分隔线向下方缩进10%，如图2-95所示。

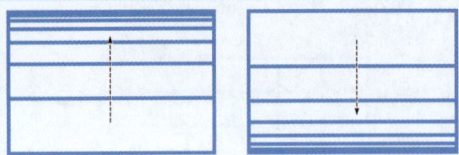

图2-95

（5）按住Shift键可以绘制正方形的矩形网格。

2. 使用对话框精确绘制矩形网格

在工具栏中选择"矩形网格工具"田，然后将鼠标指针移动到工作区内，单击鼠标，弹出"矩形网格工具选项"对话框，如图2-96所示。在该对话框内设置矩形网格的各种参数后，单击"确定"按钮完成绘制。

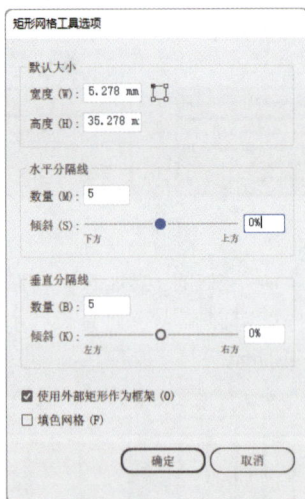

图2-96

矩形网格工具参数设置介绍

● 默认大小：设置矩形网格的宽度和高度。

● 水平分隔线：设置水平分隔线的数量和倾斜（缩进）。

● 垂直分隔线：设置垂直分隔线的数量和倾斜（缩进）。

● 使用外部矩形作为框架：勾选此复选框时，矩形网格最外层的边线为矩形；未勾选时，矩形网格最外层的边线为线段。

● 填色网格：勾选此复选框，可以对矩形网格进行颜色填充。

2.2.6　极坐标网格工具

"极坐标网格工具"用于绘制同心圆网格对象，可以通过以下两种方式绘制极坐标网格。

1. 使用鼠标直接绘制极坐标网格

在工具栏中选择"极坐标网格工具"●，然后将鼠标指针移动到工作区内，按住鼠标左键确定极坐标网格的起点，并拖曳鼠标指针到工作区内的任意位置后松开鼠标左键以完成绘制，如图2-97所示。

图2-97

> **技巧与提示**
>
> 使用鼠标直接绘制极坐标网格的技巧与绘制矩形网格的技巧类似。

2. 使用对话框精确绘制极坐标网格

在工具栏中选择"极坐标网格工具"●，然后将鼠标指针移动到工作区内，单击鼠标弹出"极坐标网格工具选项"对话框，如图2-98所示。在该对话框内设置极坐标网格的各种参数后，单击"确定"按钮完成绘制。

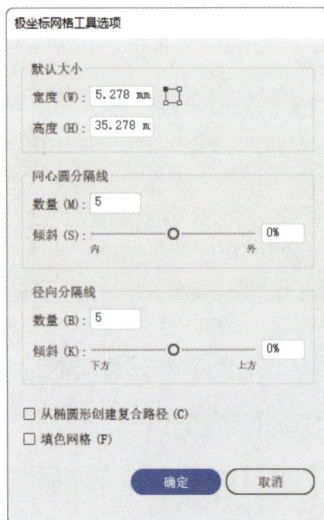

图2-98

2.3 钢笔工具

"钢笔工具" ✐ 是绘制路径的常用工具。使用"钢笔工具"不仅可以绘制开放路径或闭合路径，还可以编辑这些路径。

2.3.1 课堂案例：绘制满减标签

效果文件位置	实例文件>CH02>课堂案例>绘制满减标签.ai
素材文件位置	无
技术掌握	掌握"钢笔工具"的使用方法

课堂案例：绘制满减标签

本案例绘制的满减标签效果如图2-99所示。

图2-99

（1）新建一个颜色模式为RGB的文档，使用"矩形工具" ■绘制一个宽490px、高215px的矩形，将其填充颜色设置为深蓝色（R:17，G:60，B:149），然后拖曳边角构件至最大值，如图2-100所示。

图2-100

（2）继续使用"圆角矩形工具" ■绘制一个宽260px、高75px的圆角矩形，将其填充颜色设置为红色（R:163，G:27，B:20）、"描边色"设置为白色（R:255，G:255，B:255），然后将该对象移动到刚才绘制的蓝色圆角矩形的顶部，如图2-101所示。

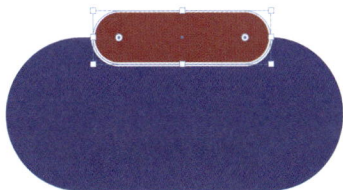

图2-101

（3）使用"文字工具" T输入"直播狂欢"字样，设置字体为"方正粗圆简体"、字体大小为50pt、字体填充颜色为白色（R:255，G:255，B:255）。然后将该对象移动到红色圆角矩形的中间，如图2-102所示。

图2-102

（4）参照前面的步骤输入文字"两件减20"，设置字体为"方正兰亭粗黑简体"、字体大小为98pt、字体填充颜色为白色（R:255，G:255，B:255），如图2-103所示。

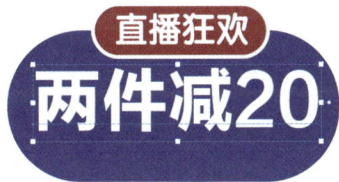

图2-103

（5）输入文字"（领券立减）"，设置字体为"方正兰亭粗黑简体"、字体大小为40pt、字体填充颜色为白色（R:255，G:255，B:255），如图2-104所示。

图2-104

（6）选中蓝色圆角矩形，依次按快捷键Ctrl+C

和Ctrl+F，复制一个圆角矩形，设置该对象的填充颜色为红色（R:163，G:27，B:20），然后向下方移动适当距离，如图2-105所示。

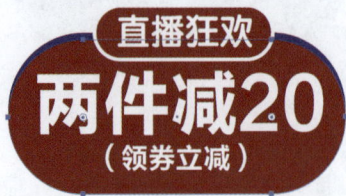

图2-105

（7）选择复制的图形，按快捷键Ctrl+Shift+[将其置于最底层，如图2-106所示。

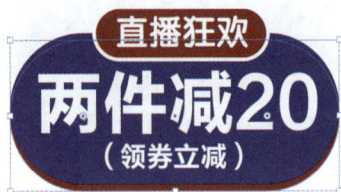

图2-106

（8）使用"矩形工具" ▣在页面空白处绘制一个宽150px、高50px的矩形，设置填充颜色为红色（R:163，G:27，B:20），如图2-107所示。

图2-107

（9）使用"钢笔工具" ✐在矩形左侧添加一个锚点，然后使用"直接选择工具" ▷将该锚点向右移动40px，如图2-108所示。

图2-108

（10）将刚才绘制的对象旋转45°，然后将其移动到主对象的左下角，作为飘带对象，如图2-109所示。

（11）将飘带对象复制一次，然后在"属性"面板中单击"水平翻转"按钮 ◁▷对其进行水平

镜像操作，如图2-110所示。最后，将水平镜像后的对象平移到右侧，效果如图2-111所示。

图2-109

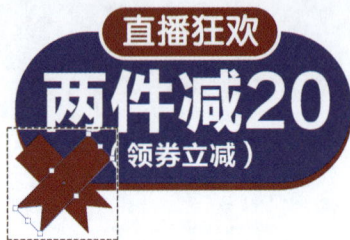

图2-110

图2-111

（12）选中刚才绘制的两个飘带对象，按快捷键Ctrl+Shift+[将其置于最底层，最终效果如图2-112所示。

图2-112

2.3.2　路径与锚点

在Illustrator中，路径和锚点是非常重要的知识点。本节将介绍路径和锚点的相关知识。

1. 路径的概念

Illustrator中的路径是基于"贝塞尔曲线"的概念定义。

"贝塞尔曲线"是一种应用于二维图形应用程序的数学曲线，由线段和节点组成。在Illustrator中，路径由线段和锚点组成。路径可以分为开放路径、闭合路径和复合路径3种类型，如图2-113所示。

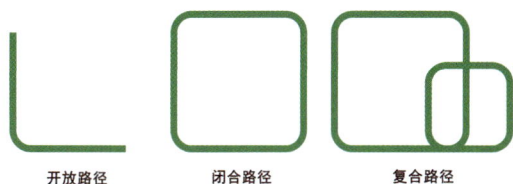

图2-113

路径的类型主要包括以下3种。

● 开放路径：路径的起点和终点没有连接，整个路径结构呈开放状态，例如直线段、弧线段等简单的线段。

● 闭合路径：路径的起点和终点相互连接，整个路径结构呈闭合状态，例如矩形、椭圆形等图形。

● 复合路径：由多个开放路径或闭合路径相互合并而成的路径。复合路径较为复杂，其重叠区域无法填色。

2. 路径的填充

开放路径、闭合路径和复合路径都可以设置填充颜色和描边颜色，如图2-114所示。

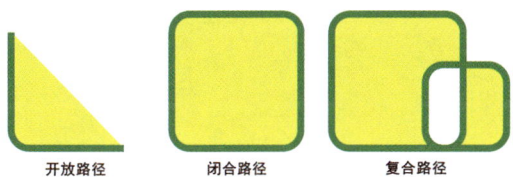

图2-114

3. 锚点的概念

锚点是用来控制线段的节点，锚点可以分为平滑锚点和尖角锚点两种类型。

（1）平滑锚点

平滑锚点指的是一条线段平滑地经过该锚点，其控制手柄的方向线呈180°，如图2-115所示。平滑锚点的方向线长度可以对称，也可以不对称。

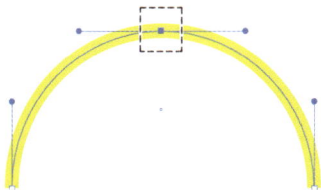

图2-115

（2）尖角锚点

尖角锚点分为3类，分别是转角锚点、半曲线锚点和转角曲线锚点。

● 转角锚点是指两条直线段相交的锚点。转角锚点没有控制手柄，一般出现在矩形和多边形上，如图2-116所示。

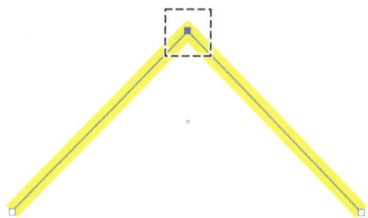

图2-116

● 半曲线锚点是指直线段和曲线段相交的锚点。半曲线锚点的直线段部分没有控制手柄，而曲线段部分有控制手柄，如图2-117所示。

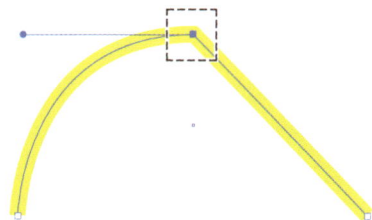

图2-117

● 转角曲线锚点是指锚点的两侧分别拥有各自独立的控制手柄。在调节一侧手柄时，另一侧的手柄不发生变化，如图2-118所示。

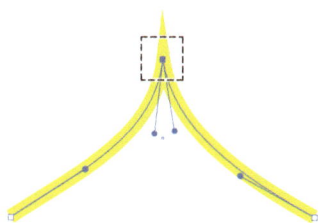

图2-118

2.3.3 直线段的绘制

在工具栏中选择"钢笔工具" ✐，将鼠标指针移动到工作区内，然后单击鼠标以确定直线段的起点。接着，将鼠标指针移动到任意位置后再次单击鼠标，即可完成一条直线段的绘制，如图2-119所示。然后，在页面空白处单击鼠标，连续绘制第二条直线段，如图2-120所示。

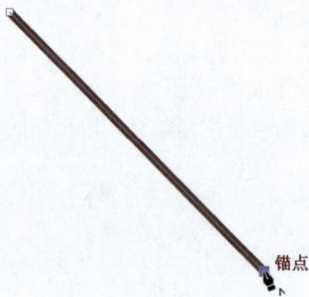

图2-119

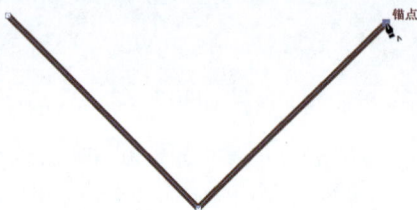

图2-120

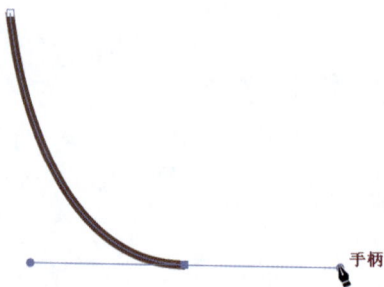

图2-122

2.3.5 添加与删除锚点

使用"添加锚点工具" ✎ 可以在路径上添加锚点；使用"删除锚点工具" ✎ 可以在路径上删除锚点。

1. 添加锚点

在工具栏中选择"添加锚点工具" ✎，然后将鼠标指针移动到需要添加锚点的路径上。当出现添加锚点的钢笔图标后，单击鼠标，即可在此路径上添加锚点，如图2-123所示。

2.3.4 曲线段的绘制

在工具栏中选择"钢笔工具" ✎，将鼠标指针移动到工作区内，单击鼠标确定曲线段的起点。然后，将移动鼠标指针移动到任意位置，按住鼠标左键并进行拖曳，再松开鼠标左键，完成一条曲线段的绘制，如图2-121所示。接着，在页面空白处单击鼠标并进行拖曳，连续绘制第二条曲线段，如图2-122所示。

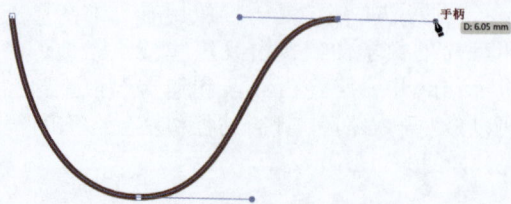

图2-123

2. 删除锚点

在工具栏中选择"删除锚点工具" ✎，然后将鼠标指针移动到需要删除的锚点上。当出现删除锚点的钢笔图标后，单击鼠标即可删除该锚点，如图2-124所示。

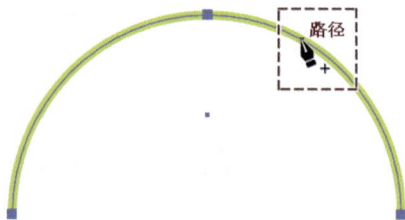

图2-121

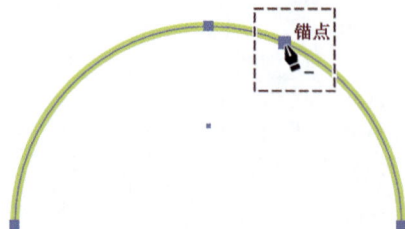

图2-124

直接使用"钢笔工具" ✐也可以添加或删除锚点。选择"钢笔工具" ✐，将鼠标指针移动到需要添加锚点的路径上，当出现添加锚点的钢笔图标时单击鼠标，即可在此路径上添加锚点；将鼠标指针移动到需要删除的锚点上，当出现删除锚点的钢笔图标时单击鼠标，即可删除该锚点。

2.3.6 锚点工具

"锚点工具" ⯅主要用于调整锚点的控制手柄，从而实现路径的调整。在工具栏中选择"锚点工具" ⯅，将鼠标指针移动到需要编辑的锚点上，如图2-125所示。然后按住鼠标左键进行拖曳，编辑该锚点的控制手柄，如图2-126所示。

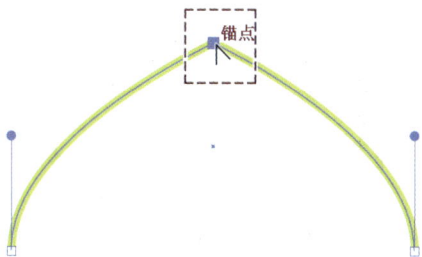

图2-125

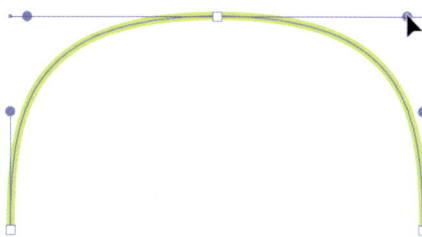

图2-126

在使用"锚点工具" ⯅时，单击锚点可以将该锚点转换为尖角锚点，如图2-127和图2-128所示。

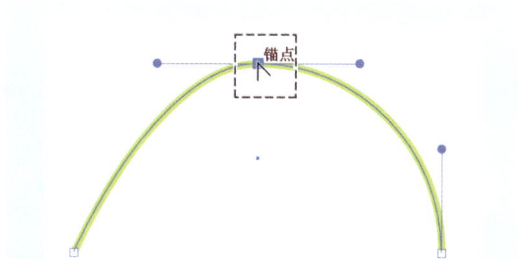

图2-127

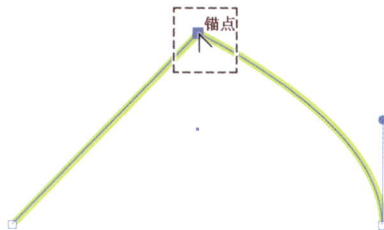

图2-128

2.3.7 弯曲工具

"弯曲工具" ✐主要用于快速绘制曲线路径。在工具栏中选择"弯曲工具" ✐，将鼠标指针移动到工作区内，单击鼠标以确定路径的起点。然后，移动鼠标指针到任意位置后再次单击鼠标，继续移动鼠标指针到页面空白处并再次单击鼠标。如此重复操作以绘制曲线路径，如图2-129所示。

图2-129

2.4 手绘工具

手绘工具主要用于自由绘制路径。手绘工具包括画笔工具、斑点画笔工具、铅笔工具、Shaper工具、平滑工具、路径橡皮擦工具、连接工具等。

2.4.1 课堂案例：绘制收藏标签

效果文件位置	实例文件>CH02>课堂案例>绘制收藏标签.ai
素材文件位置	无
技术掌握	掌握绘图工具的使用方法

课堂案例：绘制收藏标签

本案例所绘制的收藏标签效果如图2-130所示。

图2-130

（1）新建一个颜色模式为RGB的文档。在工具栏中选择"斑点画笔工具" ，然后双击"斑点画笔工具" ，打开"斑点画笔工具选项"对话框，将画笔大小设置为7pt，如图2-131所示。

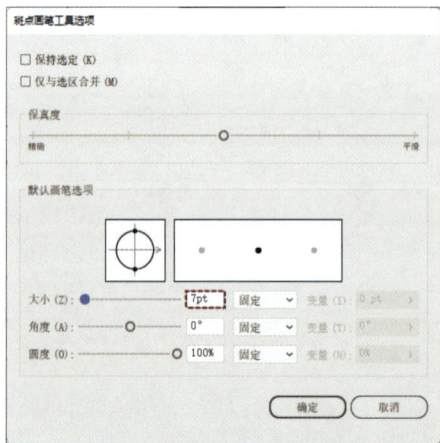

图2-131

（2）使用设置好的"斑点画笔工具" 绘制1个右箭头图形，如图2-132所示。

（3）使用同样方法，绘制箭头的立体部分，如图2-133所示。将"斑点画笔工具" 的画笔大小调整为3pt，再手绘出立体细节部分，如

图2-134所示。

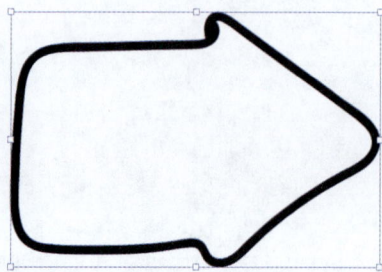

图2-132

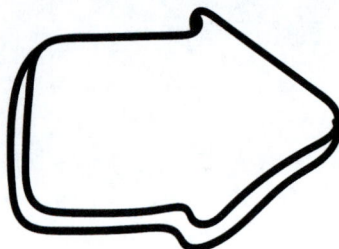

图2-133

图2-134

（4）选中绘制的图形，单击鼠标右键，在弹出的菜单中选择"释放复合路径"，如图2-135所示。

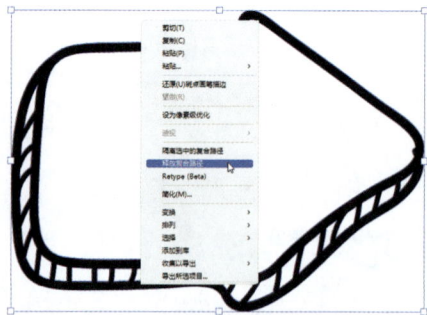

图2-135

（5）选中中间的路径，设置填充颜色为淡粉色（R:255，G:157，B:157）；然后选中外边的

路径，设置填充颜色为咖啡色（R:106，G:72，B:41），效果如图2-136所示。

效果如图2-141所示。

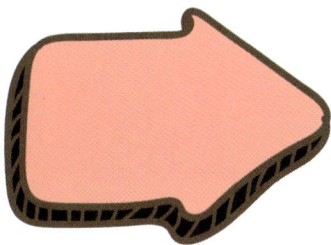

图2-136

（6）选中所有黑色对象，将填充颜色设置为粉色（R:240，G:98，B:98），如图2-137所示。

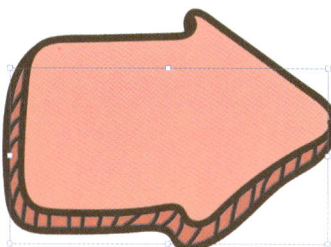

图2-137

（7）使用"文字工具"**T**输入"点击收藏"字样，设置字体为"方正字悦圆"、字体大小为58pt，如图2-138所示。

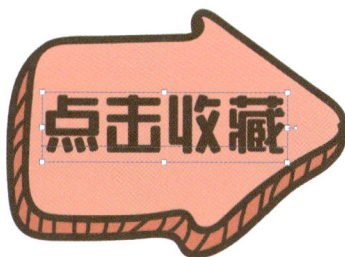

图2-138

（8）选中文字对象，按快捷键Shift+F6打开"外观"浮动面板，然后依次单击左下角"添加新描边"按钮□和"添加新填色"按钮■。在"外观"浮动面板中，单击"描边"和"填色"选项，如图2-139所示。

（9）在"外观"浮动面板中，将"填色"设置为咖啡色（R:106，G:72，B:41）；将"描边"设置为白色（R:255，G:255，B255）、并将描边粗细设置为6pt，如图2-140所示。得到的文字

图2-139

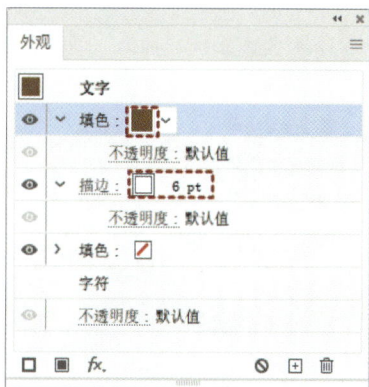

图2-140

图2-141

技巧与提示

使用"外观"浮动面板是对文字添加外侧描边的重要方法。

（10）选择"斑点画笔工具"，将画笔大小设置为10pt，然后绘制3处反光，并将填充颜色设置为白色（R:255，G:255，B255）。最终效果如图2-142所示。

图2-142

2.4.2　画笔工具

在工具栏中选择"画笔工具" ，然后将鼠标指针放在工作区内，按住鼠标左键进行拖曳，可以自由绘制图形，如图2-143所示。双击"画笔工具" 可以打开"画笔工具选项"对话框，在该对话框中可以设置画笔的属性，如图2-144所示。

图2-143

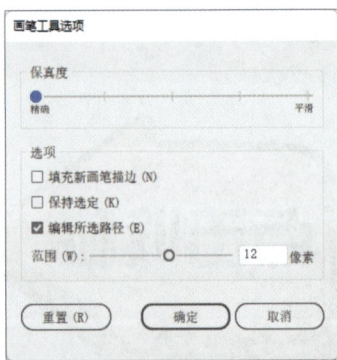

图2-144

画笔工具参数设置介绍

● 保真度：用于调整所绘路径的平滑度。当滑块靠近"精确"时，所绘制的路径更为尖锐，锚点也更多；当滑块靠近"平滑"时，所绘制的路径更为平滑，锚点则越少，如图2-145所示。

精确　　　　　　　平滑

图2-145

● 填充新画笔描边：勾选此复选框后，所绘制的路径将会带有填充色，如图2-146所示。

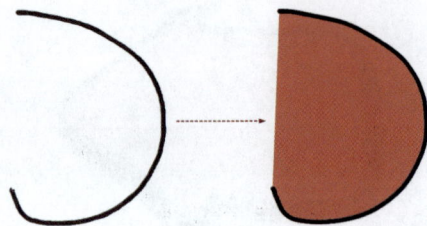

图2-146

● 保持选定：勾选此复选框，将保持最后一条绘制的路径为选定状态，反之，则为未选定状态。

● 编辑所选路径：在设置的范围值内，可以使用画笔工具编辑该路径。

2.4.3　斑点画笔工具

在工具栏中选择"斑点画笔工具" ，然后将鼠标指针放在工作区内，按住鼠标左键进行自由绘制，如图2-147所示。双击"斑点画笔工具" 可以打开"斑点画笔工具选项"对话框，在该对话框中可以设置斑点画笔的属性，如图2-148所示。

图2-147

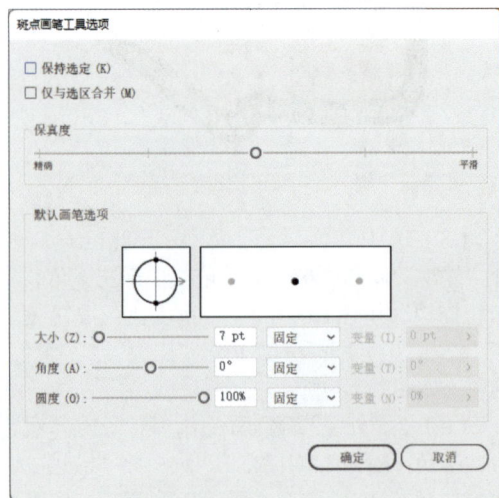

图2-148

"画笔工具"用于绘制带描边色的路径；"斑点画笔工具"用于绘制带填充色的图形。

2.4.4 铅笔工具

"铅笔工具" ✏ 类似于画笔工具，可以较为自由地绘制路径。在工具栏中选择"铅笔工具" ✏ ，然后将鼠标指针放在工作区内，按住鼠标左键进行自由绘制，松开鼠标左键即可完成绘制，如图2-149所示。

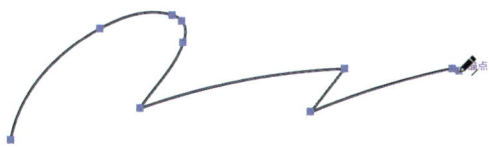

图2-149

双击"铅笔工具" ✏ 可以打开"铅笔工具选项"对话框。在该对话框内，可以设置铅笔的属性，如图2-150所示。

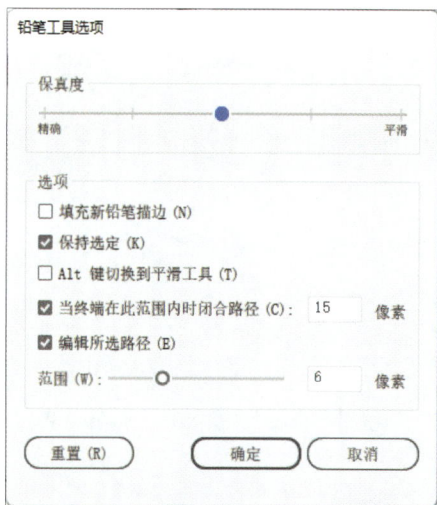

图2-150

铅笔工具参数设置介绍

● Alt键切换到平滑工具：选中此复选框，在使用铅笔工具绘制路径时，按住Alt键可以临时切换到平滑工具。

● 当终点在此范围内时闭合路径：选中此复选框后，当所绘制路径的终点和起点在一定范围内时，路径会自动闭合。可以在后面的文本框中

输入该范围的数值。

"保持选定"和"Alt键切换到平滑工具"需要同时勾选，否则没有意义。

2.4.5 Shaper工具

"Shaper工具" 🖉 可以理解为一种智能绘图工具，该工具能够自动识别手绘图形并将其转换为标准图形；"Shaper工具"还可以合并、删除或移动所绘制的对象组，同时保留可编辑的属性。"Shaper工具"的使用方法与画笔工具类似。

选择"Shaper工具" 🖉 ，然后将鼠标指针放在工作区内，按住鼠标左键进行自由绘制。绘制完成后，程序会自动识别手绘图形并将其转换为标准图形，如图2-151所示。

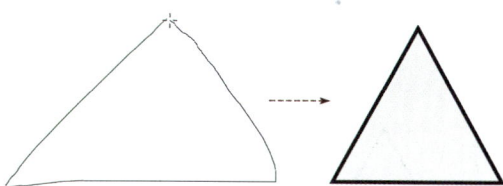

图2-151

（1）使用"Shaper工具" 🖉 对多个对象的重叠部分进行涂抹，可以合并这些对象，如图2-152所示。

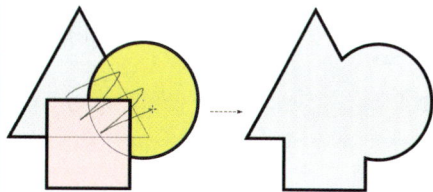

图2-152

（2）使用"Shaper工具" 🖉 对多个对象的重叠部分内部进行涂抹，可以删除重叠的部分，如图2-153所示。

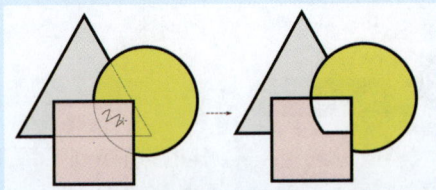

图2-153

（3）使用"Shaper工具" 在对象的任意部分与对象外部之间进行涂抹，可以删除该部分对象，如图2-154所示。

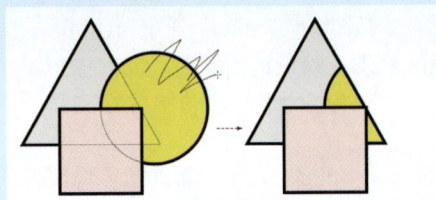

图2-154

（4）使用"Shaper工具" 编辑过的对象组，其属性保留了可编辑功能，可以再次使用"Shaper工具" 进行编辑，如图2-155所示。

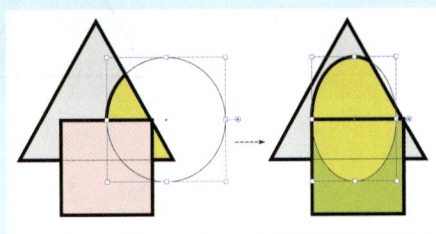

图2-155

2.4.6　平滑工具

"平滑工具" 可以减少路径的锚点，使其变得平滑。选中需要编辑的路径，如图2-156所示，然后在工具栏中选择"平滑工具" ，按住鼠标左键在需要平滑的区域进行拖曳，即可将该区域的路径变得平滑，效果如图2-157所示。

图2-156

图2-157

2.4.7　路径橡皮擦工具

"路径橡皮擦工具" 用于擦除路径。选中需要编辑的路径，如图2-158所示，然后在工具栏中选择"路径橡皮擦工具" 。按住鼠标左键沿着需要擦除的路径进行拖曳，即可将其擦除，效果如图2-159所示。

图2-158

图2-159

2.4.8　连接工具

"连接工具"用于将两个开放的锚点合并成一个锚点。首先，选中需要编辑的路径，如图2-160所示。然后，在工具栏中选择"连接工具" ，将鼠标指针移动到需要连接的锚点上。按住鼠标左键并将该锚点拖曳到另一个锚点上，如图2-161所示，即可将两个锚点连接在一起，效果如图2-162所示。

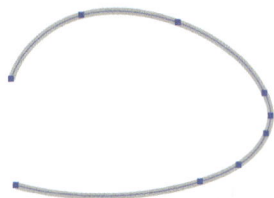

图2-160

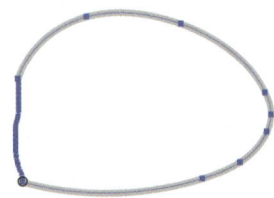

图2-161

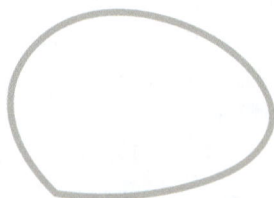

图2-162

2.5 课后习题

请运用已掌握的知识进行课后练习。通过"绘制折扣标签"和"绘制热销标签"这两个案例，巩固各个绘图工具的使用方法和技巧。

2.5.1 绘制折扣标签

效果文件位置	实例文件>CH02>课后习题>绘制折扣标签.ai
素材文件位置	无
技术掌握	掌握绘图工具的使用方法

课后习题：绘制折扣标签

习题要求：运用绘图工具绘制网店中常用的折扣标签，效果如图2-163所示。

图2-163

参考步骤

（1）使用"多边形工具" ◎ 绘制一个十边形，如图2-164所示。然后，调整其边角构件，如图2-165所示。

 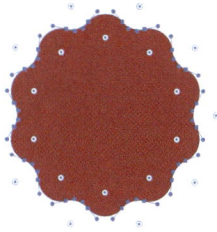

图2-164　　　　　图2-165

（2）使用"椭圆工具" ◯ 和"文字工具" T 绘制圆形并输入文字，如图2-166所示。

（3）复制底图，将其置于最底层，添加仿立体效果，最终效果如图2-167所示。

图2-166　　　　　图2-167

2.5.2 绘制热销标签

效果文件位置	实例文件>CH02>课后习题>绘制热销标签.ai
素材文件位置	无
技术掌握	掌握绘图工具的使用方法

课后习题：绘制热销标签

习题要求：运用绘图工具绘制网店中常用的热销标签，效果如图2-168所示。

图2-168

参考步骤

（1）使用"矩形工具" ▢ 和"钢笔工具" ✎ 绘制如图2-169所示的图形。

图2-169

（2）执行"对象>路径>偏移路径"菜单命令绘制一个缩小的对象，如图2-170所示。

图2-170

（3）使用"星形工具" ☆ 绘制一个五角星，并添加描边效果，如图2-171所示。

图2-171

（4）使用"文字工具" **T** 添加文字，如图2-172所示。

图2-172

（5）将文字的填充颜色设置为红色、描边颜色设置为白色。然后，将右侧的五角星和文字对象旋转15°，最终效果如图2-173所示。

图2-173

第3章 对象的编辑

本章主要介绍如何编辑对象，包括选择、变换和变形对象，以及设置对象的旋转角度和倾斜方向等参数。同时，我们还需重点掌握宽度工具和路径查找器的使用方法。

学习重点

- 选择对象
- 移动和复制对象
- 宽度工具和变形工具组
- 路径查找器

3.1 对象的基本编辑

本节将讲解对象的基本编辑，包括图形或路径的选择、移动、复制等基本操作，以及调整对象的旋转角度、镜像、缩放大小和倾斜度等变换操作。

工具名称	工具图标	工具作用	重要程度
选择工具	▶	选取、移动和复制对象	高
直接选择工具	▷	选取锚点或对象	高
编组选择工具	▷	选择群组对象	中
魔棒工具	✻	按照颜色的容差值选取对象	中
套索工具	⦰	按照套索选取对象	中
自由变换工具	⟊	自由变换、生成透视效果	中
操控变形工具	✶	自由变形对象	中
橡皮擦工具	◆	擦除部分对象	中
剪刀工具	✂	断开路径	中
美工刀工具	✑	以路径的形式切割对象	中
旋转工具	↻	按照旋转轴旋转对象	高
镜像工具	▷◁	按照镜像轴镜像对象	高
比例缩放工具	⟐	缩放所选对象	中
倾斜工具	⟗	倾斜所选对象	高
整形工具	⟍	调整路径、锚点	中
宽度工具	⟓	修改路径的宽度	高
变形工具	◣	挤压、变形对象	中
旋转扭曲工具	⟳	旋转对象，使其产生扭曲效果	中
收缩工具	✳	缩拢对象的形状	中
膨胀工具	✦	放大对象的形状	中

工具名称	工具图标	工具作用	重要程度
扇贝工具		变形对象的形状，类似毛刺效果	中
晶格化工具		变形对象的形状，类似锯齿化效果	中
皱褶工具		变形对象的形状，类似褶皱效果	中
透视网格工具		创建透视网格	中
透视选取工具		操作透视对象	中
路径查找器	无	使用多个对象创建新的对象	高

3.1.1 课堂案例：绘制夏日清仓标签

效果文件位置	实例文件>CH03>课堂案例>绘制夏日清仓标签.ai
素材文件位置	无
技术掌握	掌握对象的变换操作

课堂案例：绘制
夏日清仓标签

本案例中绘制的夏日清仓标签效果如图3-1所示。

图3-1

（1）使用"矩形工具"绘制一个宽340px、高60px的矩形，设置填充色为橙色（R:249，G:186，B:0），如图3-2所示。

（2）使用"矩形工具"绘制一个宽34px、高60px的矩形，双击工具栏中的"倾斜"按钮，在打开的"倾斜"对话框中，将倾斜角度设置为25°、倾斜轴设置为垂直，绘制该矩形的折角，如图3-3所示。然后，将填充色设置为深橙色（R:237，G:118，B:7），效果如图3-4所示。

图3-2

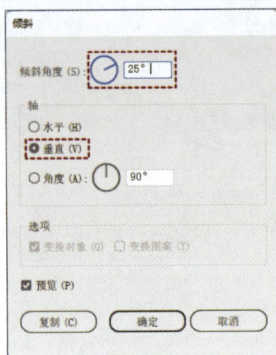

图3-3

图3-4

（3）使用"矩形工具"绘制飘带的阴影，设置填充色为深橙色（R:244，G:160，B:0），如图3-5所示。然后绘制一个宽90px、高60px的飘带底边，设置填充色为橙色（R:249，G:186，B:0），如图3-6所示。

图3-5

图3-6

（4）使用"钢笔工具"在刚才绘制的底边左侧添加锚点，接着使用"直接选择工具"将该锚点向右平移适当距离，如图3-7所示。然后选择左侧底边的所有对象，将其镜像复制到右侧，如图3-8所示。

图3-7

图3-8

（5）使用"文字工具"输入"HELLO SUMMER"字样，设置字体为"方正黑体"、字体大小为37pt、填充色为白色（R:255，G:255，B:255），然后将该文字对象移动到飘带的中心，如图3-9所示。

图3-9

（6）依次按快捷键Ctrl+C和Ctrl+B复制一个文字对象，再使用方向键适当向右下角移动一定的距离，将其填充色设置为深橙色（R:244，G:160，B:0），并创建浮雕效果，如图3-10所示。

图3-10

（7）使用"椭圆工具"绘制一个直径为270px的圆形，设置填充色为蓝色（R:45，G:170，B:235），然后将该圆形与飘带中心对齐，并置于最底层，如图3-11所示。

图3-11

（8）使用"矩形工具"绘制一个宽275px、高72px的矩形，将其置于圆形的上一层，如图3-12所示。

（9）选中前面绘制的两个对象，在"属性"面板中的"路径查找器"中单击"减去顶层"按钮，如图3-13所示，效果如图3-14所示。

图3-12

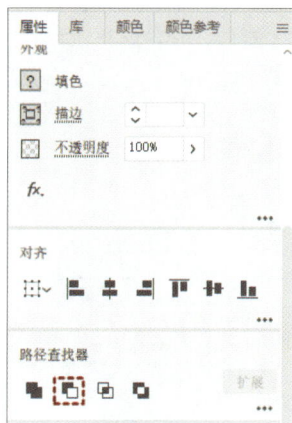

图3-13

图3-14

（10）使用"文字工具"输入"夏日大清仓"字样。设置字体为"方正劲黑简体"、字体大小为61pt、填充色为白色（R:255，G:255，B:255）、描边色为蓝色（R:45，G:170，B:235）、描边粗细为7pt，如图3-15所示。然后依次按快捷键Ctrl+C和Ctrl+B复制一个文字对象，设置复制对象的描边色为深蓝色（R:3，G:110，B:184）、描边粗细为16pt，如图3-16所示。

图3-15

图3-16

（11）使用"矩形工具"绘制一个宽13px、高27px的圆角矩形，设置填充色为蓝色（R:45，G:170，B:235），将其与主对象水平居中对齐，如图3-17所示。然后使用"镜像工具"复制一个圆角矩形到下方，如图3-18所示。

图3-17

图3-18

（12）选中前面创建的两个圆角矩形，双击"旋转工具"按钮以打开"旋转"对话框。在对话框中，将角度设置为30°，然后单击"复制"按钮，如图3-19所示。并重复此操作，效果如图3-20所示。最后，删除左右两侧多余的圆角矩形，效果如图3-21所示。

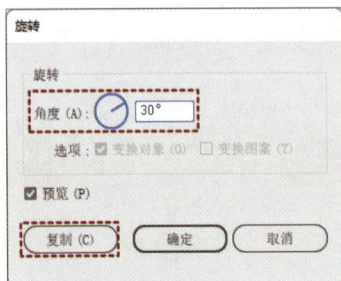

图3-19

图3-20

图3-21

3.1.2　选择对象

选择对象包括选择图形和锚点。选择对象的方法有以下5种。

1. 使用选择工具选取对象

在选择工具栏中选择"选择工具"，然后单击目标对象或按住鼠标左键拖曳以框选目标对象，如图3-22所示。被选取对象的四周将会显示由8个控制点组成的控制框，如图3-23所示。

图3-22

图3-23

选择对象后，将鼠标指针移动到控制点上。当鼠标指针显示为箭头（缩放符号）形状时，拖曳鼠标可以调整对象的大小，如图3-24所示。当鼠标指针显示为弧形箭头（旋转符号）形状时，拖曳鼠标可以旋转对象，如图3-25所示。

图3-24

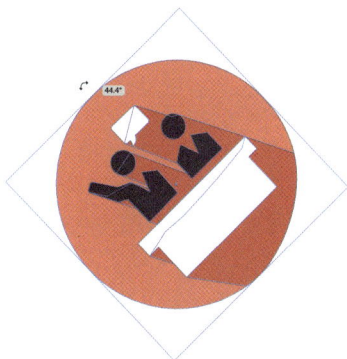

图3-25

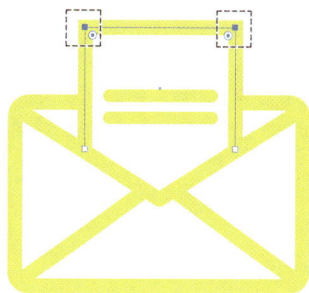

图3-26

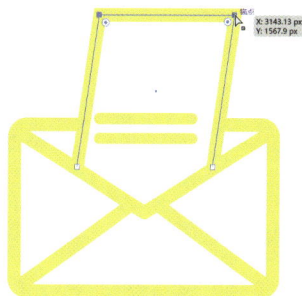

图3-27

4. 使用魔棒工具选取对象

"魔棒工具"用于选择具有相同或相似属性的对象，比如填充颜色、描边颜色、描边粗细、不透明度、混合模式等属性。

双击"魔棒工具" 打开魔棒面板，如图3-28所示，在其中可以设置选择属性的参数。然后单击页面中的对象，"魔棒工具"就会自动选择具有相同或相似属性的其他对象。

图3-28

技巧与提示

在使用"选择工具"缩放对象时，按住Shift键可以等比例缩放对象；在旋转对象时，按住Shift键可以以45°为增量旋转对象。

2. 使用直接选择工具选取对象

"直接选择工具" 的使用方法与"选择工具"基本相同，区别在于"直接选择工具"可以单独选择对象内的路径或锚点，如图3-26所示，然后通过"直接选择工具"对选取的路径或锚点进行编辑，如图3-27所示。

3. 使用编组选择工具选取对象

"编组选择工具" 用于在群组对象中选择部分对象、路径或锚点，其使用方法与"直接选择工具"相同。

技巧与提示

容差值越小，可选择对象的范围越窄；容差值越大，可选择对象的范围越广，如图3-29所示。

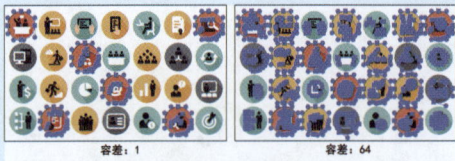

图3-29

5. 使用套索工具选取对象

选择工具栏中的"套索工具" ，按住鼠标左键拖曳出不规则的选择区域，如图3-30所示。该区域内的对象、路径和锚点将被选中，如图3-31所示。

图3-30

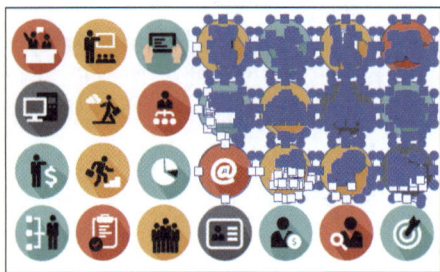

图3-31

3.1.3　移动对象

移动对象主要有3种方法。

1. 使用鼠标指针进行拖曳移动

选中需要移动的对象，按住鼠标左键进行拖曳，当对象到达指定位置时松开鼠标左键，完成移动。

技巧与提示

在移动的过程中，按住Shift键可以水平或垂直移动对象。

2. 使用方向键进行移动

选中需要移动的对象，按↑ ↓ ← →方向键可以移动对象。要设置方向键每次移动的距离，可以执行"编辑>首选项>常规"菜单命令，打开"首选项"对话框，在"键盘增量"中设置相应的数值即可，如图3-32所示。

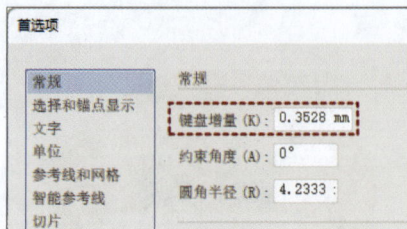

图3-32

3. 使用对话框进行精确移动

选中需要移动的对象，双击"选择工具"或按回车键，打开"移动"对话框，然后设置相应的数值进行精确移动，如图3-33所示。

图3-33

3.1.4　复制对象

复制对象主要有2种方法。

1. 使用鼠标进行复制

选中需要复制的对象，按住Alt键，然后移动鼠标指针到指定位置即可复制该对象，如图3-34所示。

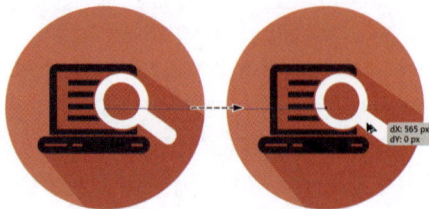

图3-34

完成复制后，按快捷键Ctrl+D可以重复上一步的复制操作，再复制一个新对象，如图3-35所示。

图3-35

2. 使用快捷键进行复制

选中需要复制的对象，按下快捷键Ctrl+C可以进行复制，然后按快捷键Ctrl+V进行粘贴，复制的对象将位于画板中心位置，如图3-36所示。

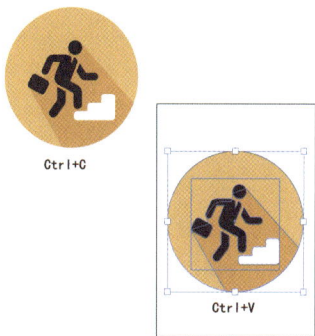

Ctrl+C

Ctrl+V

图3-36

按快捷键Ctrl+C复制对象，然后按快捷键Ctrl+F粘贴，新复制的对象将与原始对象重叠，位于原始对象的前面（上一层）；如果按快捷键Ctrl+B粘贴，新复制的对象则与原始对象重叠，位于原始对象的后面（下一层）。

3.1.5 旋转对象

旋转对象是指将对象按照某个旋转点进行转动。通常情况下，旋转点是对象的中心点，该旋转点也可以自定义设置。

旋转对象的方法有以下4种。

1. 使用选择工具进行旋转

使用"选择工具"选中需要旋转的对象，将

鼠标指针移动到对象控制框的任一控制点外侧。当鼠标指针变为旋转符号时，按住鼠标左键并拖曳以进行旋转，如图3-37所示。

图3-37

2. 使用自由变换工具进行旋转

选中需要旋转的对象，使用"自由变换工具"进行旋转，具体操作方法与使用"选择工具"旋转对象的方法相同，如图3-38所示。

图3-38

3. 使用旋转工具旋转对象

选中需要旋转的对象，选择工具栏中的"旋转工具"，然后按住鼠标左键拖曳进行旋转。确定角度之后，松开鼠标左键以完成旋转，如图3-39所示。

图3-39

使用旋转工具单击或拖曳中心点可以改变对象的旋转中心。

4. 使用对话框精确旋转对象

选中需要旋转的对象，然后双击"旋转工具" ⟳ 打开"旋转"对话框，如图3-40所示。其中，"角度"用于设置旋转的角度数值；"变换对象"复选框用于仅旋转对象；"变换图案"复选框用于旋转对象中的填充图案。

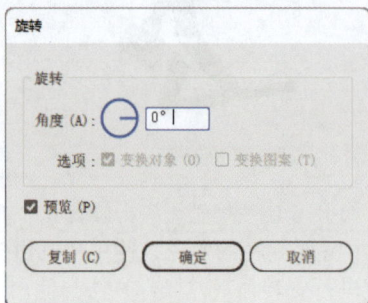

图3-40

3.1.6 镜像对象

可以使用镜像工具将对象转换为镜面翻转效果。镜像可以以轴为基准进行翻转，也可以以固定角度的轴为基准进行翻转。

镜像对象的方法有2种。

1. 使用镜像工具镜像对象

首先，选中需要镜像的对象，然后选择工具栏中的"镜像工具" ⊳|， 按住鼠标左键进行拖曳，即可实现镜像效果，如图3-41所示。

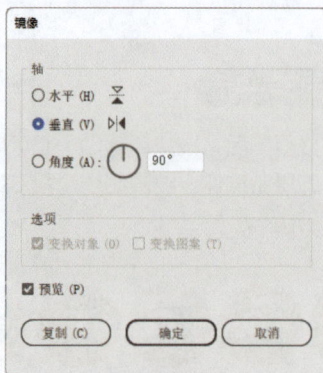

图3-41

2. 使用对话框精确镜像对象

选中需要镜像的对象，然后双击"镜像工具" ⊳| 打开"镜像"对话框，设置相应的参数后单击"确定"按钮以完成对象的镜像操作，如图3-42所示。

镜像选项介绍

- 水平：以水平轴为基准，生成镜像效果。
- 垂直：以垂直轴为基准，生成镜像效果。

图3-42

- 角度：以固定角度的轴基准生成镜像效果。
- 变换对象：该效果仅应用于该对象。
- 变换图案：该效果将应用于该对象中所填充的图案。

3.1.7 缩放对象

缩放对象包括缩小和放大对象的长度和高度，主要有以下4种方法。

1. 使用选择工具缩放对象

使用"选择工具"选中需要缩放的对象，将鼠标指针移动到对象控制框的任一控制点上。当鼠标指针变为缩放符号时，按住鼠标左键并进行缩放，如图3-43所示。

图3-43

💡 **技巧与提示**

按住Shift键可以进行等比例缩放；按住Alt键可以进行中心缩放；按住Shift+Alt键可以进行中心等比缩放。

2. 使用比例缩放工具缩放对象

选中需要缩放的对象，接着选择工具栏中的"比例缩放工具" ⊡，然后在页面内按住鼠标进行拖曳缩放。

3. 使用自由变换工具缩放对象

选中需要缩放的对象，然后选择工具栏中的"自由变换工具" ，将鼠标指针移动到对象控制框的任一控制点上，按住鼠标左键进行拖曳以缩放对象。

4. 使用对话框精确缩放对象

选中需要缩放的对象，然后双击"比例缩放工具" 打开"比例缩放"对话框。设置相应的数值进行精确缩放，如图3-44所示。

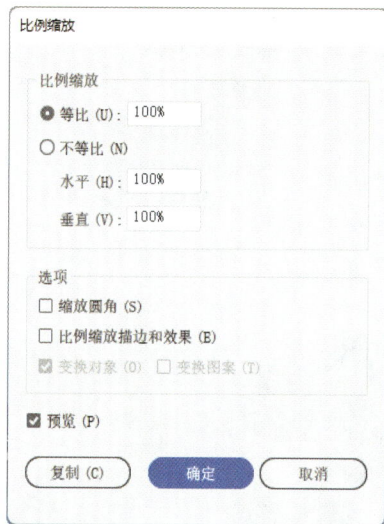

图3-44

比例缩放选项介绍

● 等比：选择等比，当数值大于100%时，等比放大对象；当数值小于100%时，等比缩小对象。

● 不等比：选择不等比，可以单独设置水平和垂直的缩放比例。

● 缩放圆角：勾选此复选框，当缩放有圆角的对象时，圆角跟随缩放；反之，圆角半径数值为固定值。

● 比例缩放描边和效果：勾选此复选框，对象的描边和效果随对象的缩放一起改变。

3.1.8 倾斜对象

可以使用倾斜工具来实现对象的倾斜效果，倾斜对象主要有以下2种方法。

1. 使用倾斜工具倾斜对象

选中需要倾斜的对象，然后选择工具栏中的"倾斜工具" ，然后在页面内按住鼠标左键进行拖曳以实现倾斜，如图3-45所示。

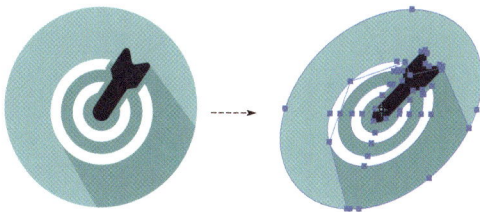

图3-45

> **技巧与提示**
>
> 按住Shift键可以固定角度倾斜；按住Alt键可以复制一个倾斜对象，而原对象保持不变。

2. 使用对话框精确倾斜对象

选中需要倾斜的对象后，双击"倾斜工具" 打开"倾斜"对话框，然后设置相应的数值以进行精确倾斜，如图3-46所示。

图3-46

倾斜选项介绍

● 倾斜角度：设置对象的倾斜角度，取值范围为-360°～360°。

● 轴：设置水平、垂直或固定角度为倾斜轴。

3.1.9 整形对象

整形工具具有整形对象的功能，主要用于调整路径和锚点，其使用方法如下。

选中需要整形的路径，然后选择工具栏中的"整形工具" ，接着在路径或锚点上按住鼠标左键进行拖曳调整，如图3-47所示。

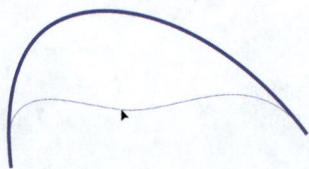

图3-47

3.1.10 自由变换对象

"自由变换工具"能够快速调整对象的缩放大小、旋转角度和基本的透视/扭曲的功能，具体操作方法如下。

1. 移动、缩放、旋转和倾斜功能

移动、缩放和旋转功能的使用方法与"选择工具"相同；倾斜功能的使用方法与"倾斜工具"相同。

2. 透视扭曲功能

选中对象后，选择"自由变换工具" 🔄，接着在出现的扩展工具栏中选择"透视扭曲" 🔲。然后，使用鼠标分别调整对象4个对角的节点，从而改变对象的形状，如图3-48所示。

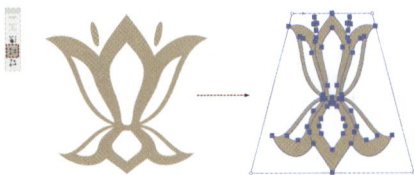

图3-48

3. 自由扭曲功能

选中对象后，选择"自由变换工具" 🔄。接着，在页面内的扩展工具栏中选择"自由扭曲" 🔲，然后，使用鼠标分别调整对象的4个对角节点，从而改变对象的形状，如图3-49所示。

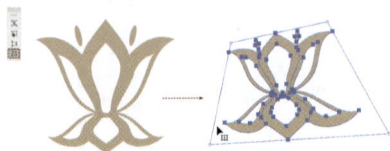

图3-49

> 💡 **技巧与提示**
>
> 在扩展工具栏中激活"限制"按钮 🔣 后，在使用"自由变换工具"时将限定变形的角度和自由度。

3.1.11 自由变形对象

操控变形工具用于自由变形对象的形状，具体操作方法如下。

首先选中对象，然后选择"操控变形工具" 📌，接着在对象上单击鼠标添加操控点，如图3-50所示。添加完成后，再使用鼠标移动这些操控点，如图3-51所示，从而改变对象的形状，如图3-52所示。

图3-50

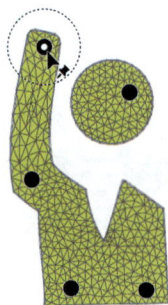

图3-51　　　　　图3-52

3.2　对象的变形

对象的变形包括针对图形、路径和锚点的各种转换效果。使用这些工具，可以绘制出一些基本绘图工具无法创建的效果。

3.2.1 课堂案例：绘制新品推荐标签

效果文件位置	实例文件>CH03>课堂案例>绘制新品推荐标签.ai
素材文件位置	无
技术掌握	掌握对象的变形操作

课堂案例：绘制新品推荐标签

本案例中绘制的新品推荐标签效果如图3-53所示。

图3-53

（1）使用"弯曲工具" ✎ 手绘"Sale字样"的形状路径，如图3-54所示。然后使用"宽度工具" ✎ 添加路径的宽度效果，如图3-55所示。

图3-54

图3-55

技巧与提示

在使用"宽度工具"添加路径宽度时，路径的端点需要设置为"圆头端点"，如图3-56所示。

图3-56

（2）执行"对象>路径>轮廓化描边"菜单命令，将路径转换为图形，如图3-57所示。接着，将该对象的填充色设置为橙色（R:248，G:108，B:17）、描边色设置为深蓝色（R:29，G:32，B:136）、描边粗细设置为22pt，如图3-58所示。

图3-57

图3-58

（3）单击"路径查找器"中的"联集"按钮，效果如图3-59所示。在该对象下方绘制一个宽950px、高200px的圆角矩形，设置该圆角矩形的填充色为洋红色（R:249，G:71，B:107）、描边色为深蓝色（R:29，G:32，B:136）、描边粗细为9pt，如图3-60所示。

图3-59

图3-60

（4）使用"变形工具" ▬ 将圆角矩形的左右两边向中心变形，如图3-61所示。然后使用"锚点工具" Λ 将上下两边向外侧变形，如图3-62所示。

图3-61

图3-62

（5）使用"文字工具"输入"新品推荐"字样，设置字体为"方正超粗黑体"、字体大小为149pt、填充色为白色（R:255，G:255，B:255），如图3-63所示。

图3-63

（6）使用"星形工具"在文字对象的两侧绘制2个五角星，设置填充色为白色（R:255，G:255，B:255），如图3-64所示。

图3-64

（7）复制一个刚才绘制的洋红色对象到图层的底部，设置其填充色为淡蓝色（R:127，G:228，B:255），并适当放大，如图3-65所示。

图3-65

（8）使用"星形工具"绘制3个五角星，并将它们分散放置，如图3-66所示。接着，使用"弧形工具"连接五角星和主对象，如图3-67所示。

图3-66

图3-67

（9）使用"星形工具"绘制1个十五角星，并使用"吸管工具"从洋红色对象中提取其填充色和描边属性，如图3-68所示。

图3-68

（10）使用"文字工具"输入"HOT"字样，设置字体为"方正超重要体"、字体大小为113pt、填充色为白色（R:255，G:255，B:255），再将文字对象旋转15°后，然后移动到星形对象的中间。接下来，使用"弧形工具"将星形和主对象连接，如图3-69所示。

图3-69

（11）在主对象左上角使用"椭圆工具"绘制一个直径为128pt的圆形，设置其颜色为洋红色，如图3-70所示。然后使用"弧形工具"将其与主对象连接，最终效果如图3-71所示。

图3-70

图3-71

3.2.2　宽度工具

"宽度工具"用于绘制（加宽）路径的描边，可以使用"宽度工具"创建自定义的宽度预设配置文件，并将其应用于任意笔触。

1. 创建宽度效果

选择"宽度工具"，然后将鼠标指针移动到路径上。当鼠标指针变为添加宽度样式后，如图3-72所示，按住鼠标左键并拖曳，即可创建宽度效果，如图3-73所示，最终效果如图3-74所示。

图3-72

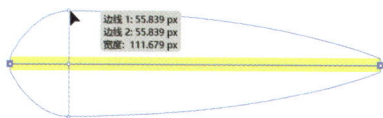

图3-73

图3-74

2. 编辑宽度效果

将鼠标指针移动到宽度点上，按住鼠标左键可以拖曳宽度点的位置，如图3-75所示。使用"宽度工具"选中宽度点，按Delete键可以删除

宽度点，如图3-76所示。

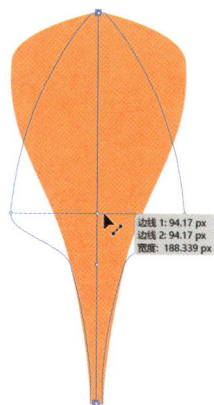

图3-75

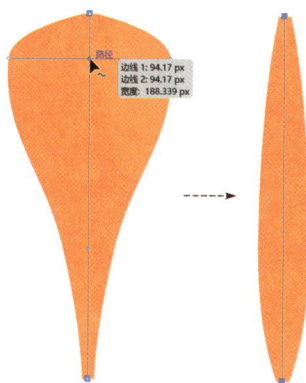

图3-76

技巧与提示

在移动宽度点时，按住Alt键可以复制宽度点。在创建或调整路径的宽度时，按住Alt键可以单独调整一侧的边线，如图3-77所示。

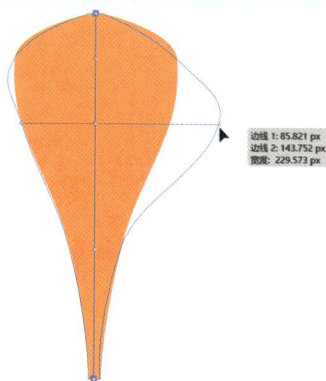

图3-77

3. 创建自定义宽度配置文件

使用宽度预设配置文件，可以将等宽的路径描边快速转换成预设的路径描边效果。

选中具有宽度效果的对象，执行"窗口>描边"菜单命令，打开"描边"面板。单击配置文件右侧的下拉列表框，在弹出的下拉菜单中单击"添加到配置文件"按钮![icon]，如图3-78所示。然后在打开的对话框中输入自定义的配置文件名称，即可保存宽度配置文件，如图3-79所示。

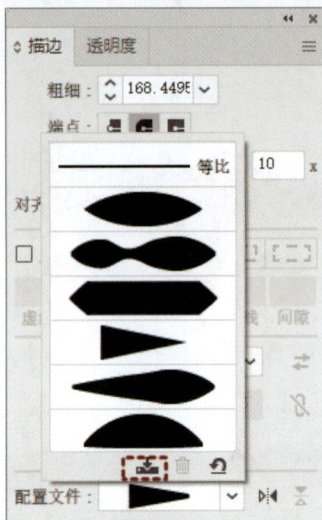

图3-78

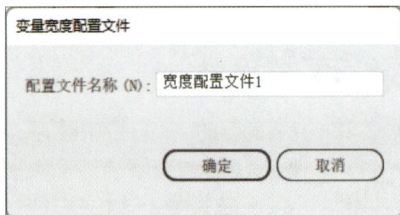

图3-79

技巧与提示

保存宽度配置文件后，下次使用时，只需单击配置文件的箭头，在下拉菜单中选择所需的预设效果即可。

3.2.3 变形工具

"变形工具"可以对对象进行挤压和变形，其操作方法如下。

选中对象，选择"变形工具"![icon]，然后按

住鼠标左键在对象上进行拖曳，从而改变对象的形状，效果如图3-80所示。双击"变形工具"按钮![icon]可以打开"变形工具选项"对话框，如图3-81所示。

图3-80

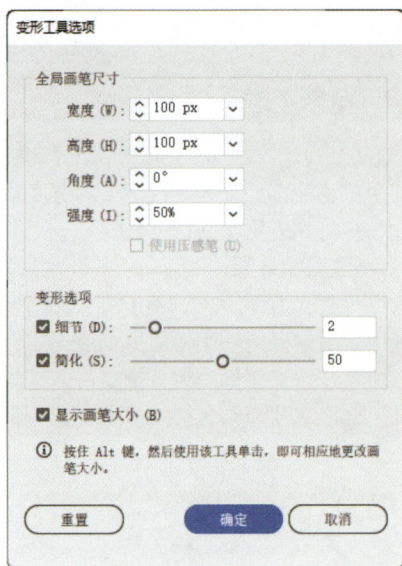

图3-81

变形工具选项介绍

● 宽度：设置画笔的宽度，可以在后面的文本框中输入具体数值，也可以单击后面的小箭头，在下拉菜单中选择预设宽度。

● 高度：设置画笔的高度，可以在后面的文本框中输入具体数值，也可以单击后面的小箭头，在下拉菜单中选择预设高度。

● 角度：设置画笔的角度。

● 强度：设置画笔的作用强度。数值越大，变形效果越强。

● 细节：设置变形后锚点的间距。数值越大，间距越小，细节越丰富。

● 简化：设置变形后锚点的数量。数值越大，锚点越少。

● 重置：恢复该对话框的参数至默认状态。

3.2.4　旋转扭曲工具

　　"旋转扭曲工具"用于旋转对象并产生扭曲效果，其操作方法如下。

　　首先，选中对象，然后选择"旋转扭曲工具"，接着，单击对象或在对象上按住鼠标左键进行拖曳，从而变换对象的形状，效果如图3-82所示。双击"旋转扭曲工具"打开"旋转扭曲工具选项"对话框，如图3-83所示。

图3-82

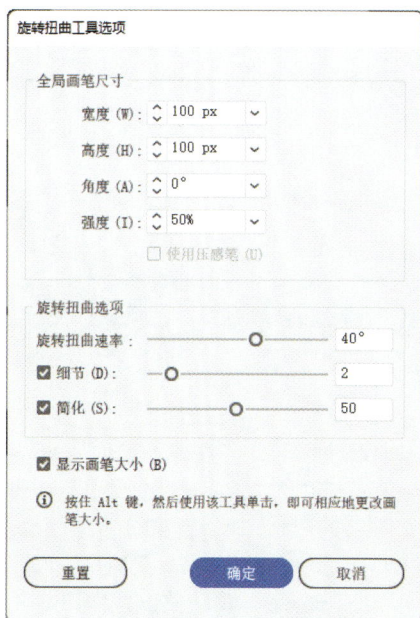

图3-83

旋转扭曲工具选项介绍

　　● 旋转扭曲速率：该参数用于调整旋转扭曲变形的速率，取值范围为-180°～180°；负值表示顺时针旋转，正值表示逆时针旋转。该数值的绝对值越大，旋转速率越快，如图3-84所示。

图3-84

3.2.5　收缩工具

　　"收缩工具"用于缩拢和缩进对象的形状，其操作方法如下。

　　选中对象后，选择"收缩工具"，然后单击对象或在对象上按住鼠标左键进行拖曳，从而改变对象的形状，效果如图3-85所示。双击"收缩工具"打开"收缩工具选项"对话框，如图3-86所示，其参数设置与"变形工具"的参数设置类似。

图3-85

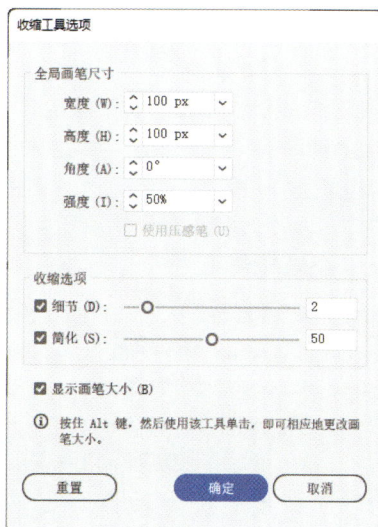

图3-86

3.2.6 膨胀工具

"膨胀工具"可以放大对象的形状,生成膨胀效果,其操作方法如下。

选中对象,选择"膨胀工具" ⬥,然后单击对象或在对象上按住鼠标左键进行拖曳,从而改变对象的形状,效果如图3-87所示。双击"膨胀工具" ⬥打开"膨胀工具选项"对话框,如图3-88所示。其参数设置与"变形工具"的参数设置类似。

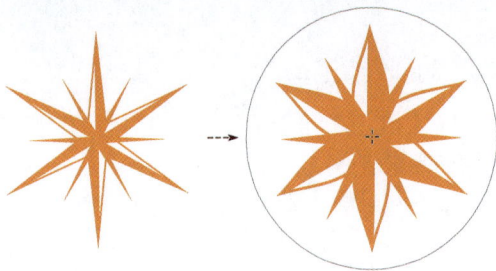

图3-87

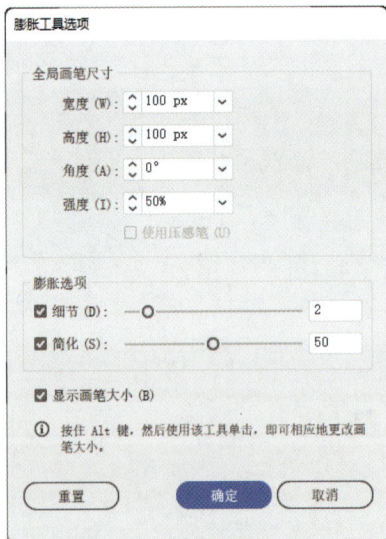

图3-88

3.2.7 扇贝工具

"扇贝工具"可以改变对象的形状,类似于扇形的毛刺效果,其操作方法如下。

选中对象,然后选择"扇贝工具" ◤,接着单击对象或在对象上按住鼠标左键进行拖曳,从而变换对象的形状,效果如图3-89所示。双击"扇贝工具" ◤打开"扇贝工具选项"对话框,如图3-90所示。

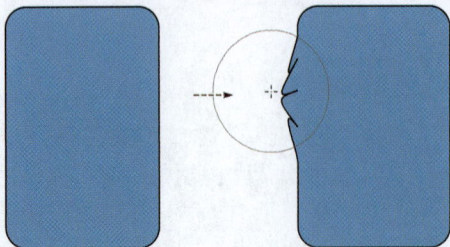

图3-89

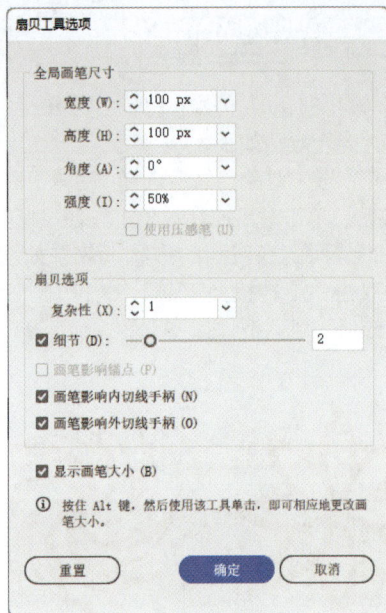

图3-90

扇贝工具选项介绍

● 复杂性:该参数用于调整扇贝变形的复杂程度,取值范围是0~15,数值越大,变形效果越复杂。

● 画笔影响锚点、画笔影响内切线手柄、画笔影响外切线手柄:分别勾选这三项复选框中的一项、两项或三项,将产生不同的扇贝变形效果。

3.2.8 晶格化工具

"晶格化工具"可以改变对象的形状,类似于炸边效果。其操作方法如下。

选中对象,选择"晶格化工具" ◉,然后单击对象或在对象上按住鼠标左键进行拖曳,从而改变对象的形状,效果如图3-91所示。双击"晶格化工具" ◉打开"晶格化工具选项"对话框,如图3-92所示。其参数设置作用与"扇贝工具"的参数设置类似。

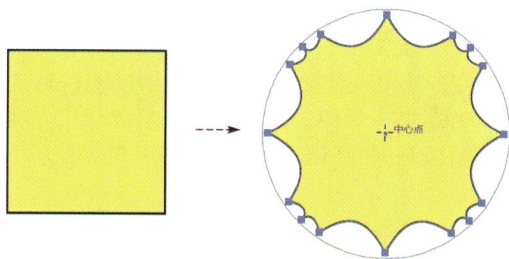

图3-91

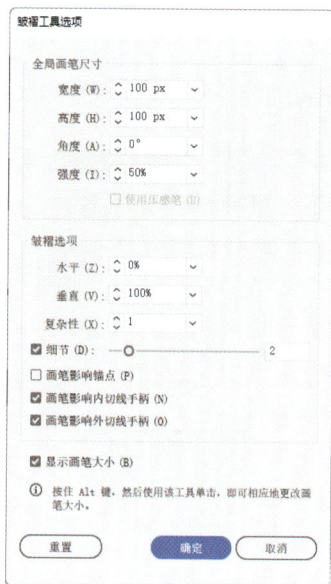

图3-94

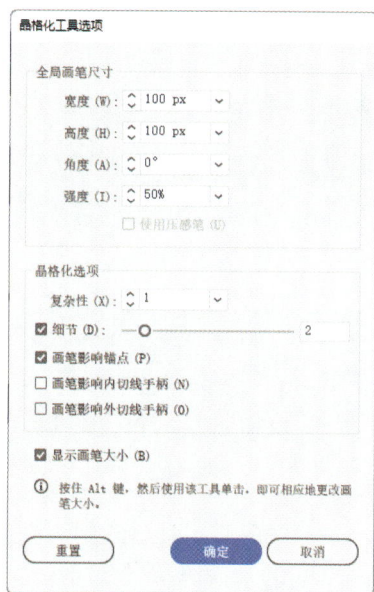

图3-92

3.2.9 皱褶工具

"皱褶工具"可以改变对象的形状，使其呈现类似褶皱的效果。其操作方法如下。

选中对象，选择"皱褶工具" ，然后单击对象或在对象上按住鼠标左键进行拖曳，以改变对象的形状，效果如图3-93所示。双击"皱褶工具" 打开"皱褶工具选项"对话框，如图3-94所示。其参数设置与"扇贝工具"的参数设置相似。

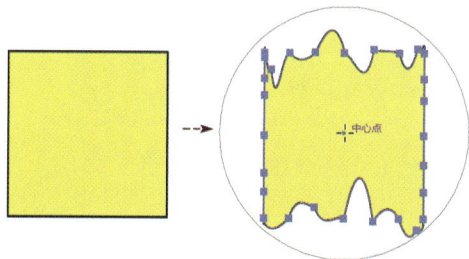

图3-93

3.3 路径查找器

本节将讲解路径查找器和橡皮擦工具的应用。

3.3.1 课堂案例：绘制抢购优惠券

效果文件位置	实例文件>CH03>课堂案例>绘制抢购优惠券.ai	
素材文件位置	无	
技术掌握	掌握路经查找器的使用方法	课堂案例：绘制抢购优惠券

本案例绘制的抢购优惠券如图3-95所示。

图3-95

（1）使用"矩形工具"绘制一个宽290px、高110px的矩形，并将其填充色设置为蓝色（R:94，G:200，B:215），如图3-96所示。

（2）使用"椭圆工具"在左上角边缘处绘制一个直径为5px的圆形，如图3-97所示。然后使用快捷键Ctrl+D复制若干个圆形，如图3-98所示。

图3-96

图3-97

图3-98

（3）使用同样的方法，在另外三条边上也绘制若干个直径为5px的圆形，如图3-99所示。

（4）执行"窗口>路径查找器"菜单命令，打开"路径查找器"面板，选中所有对象，在"路径查找器"面板中单击"减去顶层"按钮，如图3-100所示，效果如图3-101所示。

图3-99

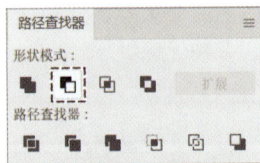

图3-100

图3-101

（5）使用"文字工具"输入数字"5"，设置字体为"方正兰亭大黑"、字体大小为92pt、填充色为白色（R:255，G:255，B:255），如图3-102所示。

（6）使用"文字工具"输入"优惠券满78元使用减5元"字样，设置字体为"方正兰亭黑"、字体大小为21pt、填充色为白色（R:255，G:255，B:255），如图3-103所示。然后选中"满78元使用"字样，设置字体大小为18pt；选中"减5元"字样，设置字体大小为24pt，如图3-104所示。

图3-102

图3-103

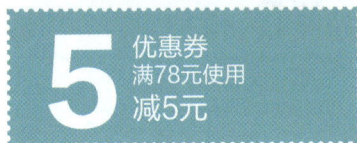

图3-104

（7）使用"矩形工具"绘制一个边长为80px的圆角矩形，设置填充色为深蓝色（R:1，G:169，B:192），如图3-105所示。

图3-105

（8）使用"文字工具"输入"抢"字，设置字体为"方正劲黑简体"、字体大小为64pt、填充色为浅绿色（R:217，G:255，B:115），如图3-106所示。

图3-106

（9）选中除底图外的所有对象，按快捷键Ctrl+G选中分组，然后将该分组与底图中心对齐，最终效果如图3-107所示。

图3-107

3.3.2 路径查找器

"路径查找器"可以对两个或多个对象进行合并、分割、修边等操作，从而创建具有新外观的对象。

执行"窗口>路径查找器"菜单命令可以打开"路径查找器"面板，如图3-108所示。该面板中有4种"形状模式"和6种"路径查找器"的对象创建模式。

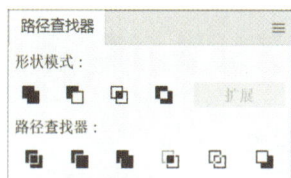

图3-108

路径查找器的具体操作方法是选中两个或多个对象，然后单击相应的按钮以创建效果。

路径查找器选项介绍

● "联集" ◼ 效果如图3-109所示。

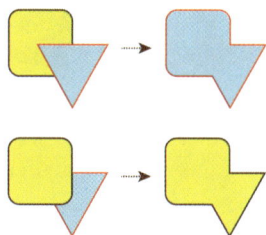

图3-109

● "减去顶层" ◻ 效果如图3-110所示。

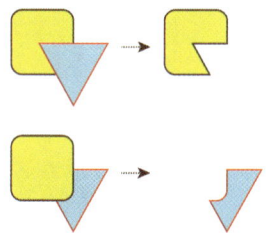

图3-110

● "交集" ◻ 效果如图3-111所示。

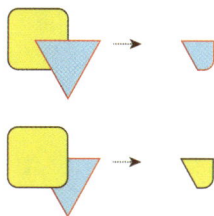

图3-111

● "差集" ◻ 效果如图3-112所示。

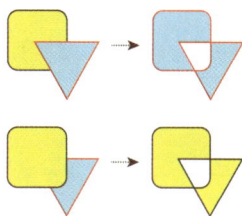

图3-112

● "分割" ◻ 效果如图3-113所示。

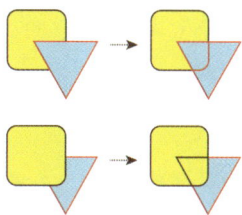

图3-113

● "修边" ◻ 效果如图3-114所示。

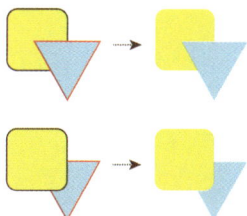

图3-114

● "合并" ◼ 效果如图3-115所示。

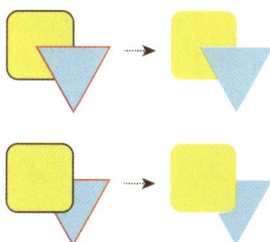

图3-115

- "裁剪" 效果如图3-116所示。

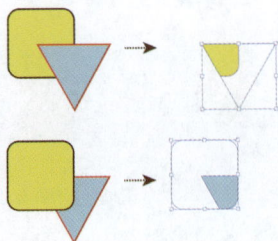

图3-116

- "轮廓" 效果如图3-117所示。

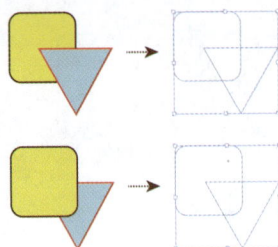

图3-117

- "减去后方对象" 效果如图3-118所示。

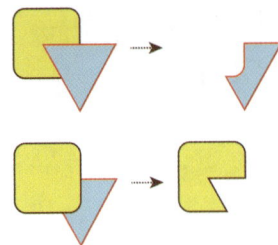

图3-118

3.3.3 橡皮擦工具组

橡皮擦工具组包括"橡皮擦工具" 、"剪刀工具" 和"美工刀工具" ，这三种工具有以下区别。

1. 使用方法的区别

"橡皮擦工具"和"美工刀工具"的使用方法是按住鼠标左键在对象上进行拖曳操作；而"剪刀工具"的使用方法是在路径或锚点上单击鼠标进行操作。

2. 作用结果的区别

"橡皮擦工具"用于擦除对象的部分内容；"剪刀工具"用于断开路径或锚点；"美工刀工具"用于切开对象，并对对象进行任意分割，如图3-119所示。

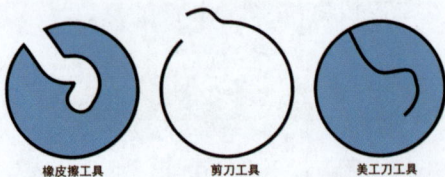

橡皮擦工具　　剪刀工具　　美工刀工具

图3-119

3.4 透视网格

透视网格工具组主要用于绘制立体图形，以增强对象的3D效果。

3.4.1 课堂案例：绘制会员日标签

效果文件位置	课堂案例>CH03>课堂案例>绘制会员日标签.ai
素材文件位置	无
技术掌握	掌握透视网格的使用方法

课堂案例：绘制会员日标签

本案例中绘制的会员日标签如图3-120所示。

图3-120

（1）使用"透视网格"绘制成由6个矩形组成的底座，如图3-121所示。

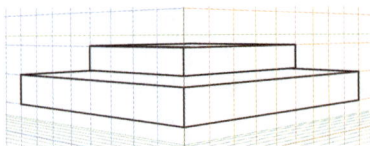

图3-121

（2）设置底座下半部分左、中、右3个矩形的填充色分别为红色（R:255，G:82，B:94）、红色（R:255，G:73，B:80）和深红色（R:218，G:47，B:55），如图3-122所示。然后设置底座上半部分左、中、右3个矩形的填充色分别为淡黄色（R:255，G:236，B:191）、黄色（R:255，G:229，B:185）和深黄色（R:228，G:154，B:120），如图3-123所示。

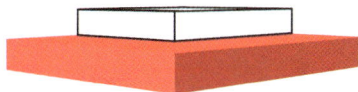

图3-122

图3-123

（3）在页面空白处，使用"矩形工具"绘制一个宽150px、高210px的圆角矩形，如图3-124所示。然后使用"直接选择工具"删除底部的锚点，如图3-125所示。

图3-124

图3-125

（4）使用"钢笔工具"在圆角矩形的顶边添加3个锚点，再将3个锚点适当向下移动一定的距离，如图3-126所示。然后调整左右两侧的边角构件，效果如图3-127所示。

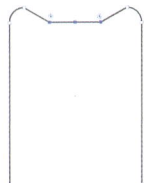

图3-126

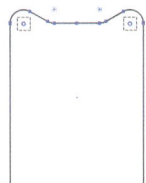

图3-127

（5）设置该路径的描边色为红色（R:250，G:33，B:47）、描边粗细为15pt，如图3-128所示。然后将该路径移动到底座的中间，置于底层，如图3-129所示。再使用"直接选择工具"调整路径底部的长度，如图3-130所示。

图3-128

图3-129

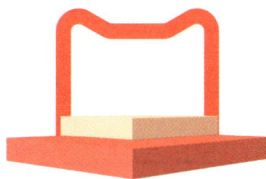

图3-130

（6）选中路径，依次按快捷键Ctrl+C和Ctrl+B在其下一层复制一个路径，设置描边色为深红色（R:226，G:32，B:33），然后适当缩小该路径，如图3-131所示。

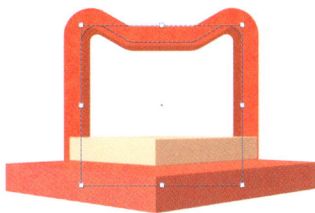

图3-131

（7）在页面空白处使用"椭圆工具"绘制两个圆形，如图3-132所示。

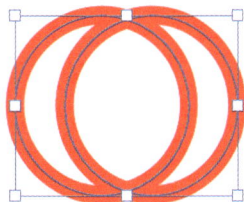

图3-132

（8）使用"路径查找器"中的"分隔"功能创建一个小球，设置小球左侧对象的填充色为淡粉色（R:255，G:248，B:243），设置小球右侧对象的填充色为粉色（R:254，G:186，B:172），然后按快捷键Ctrl+G对圆形进行群组，如图3-133所示。

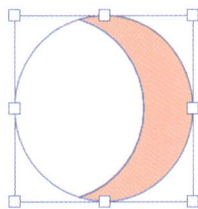

图3-133

（9）选择小球，打开"画笔"面板，然后单击"新建画笔"按钮，如图3-134所示。

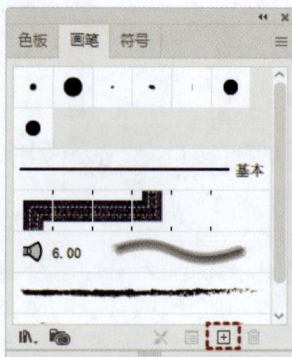

图3-134

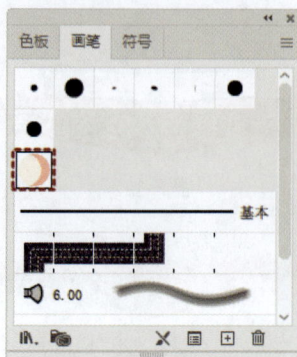

图3-137

（10）在打开的"新建画笔"对话框中选择"散点画笔"，如图3-135所示。然后在打开的"散点画笔选项"对话框中直接单击"确定"按钮，如图3-136所示。

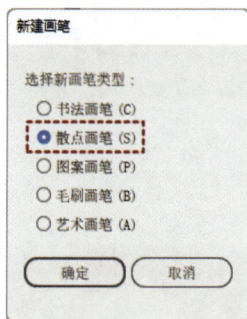

图3-135

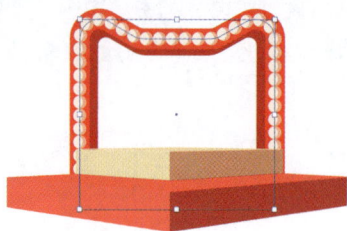

图3-138

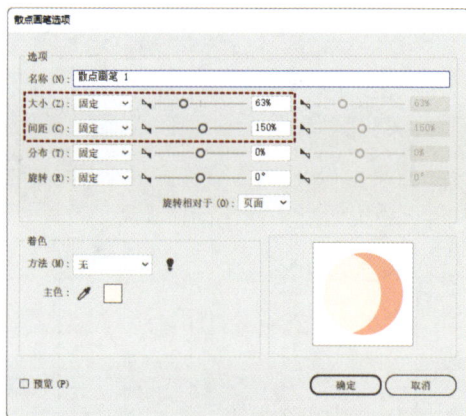

图3-136

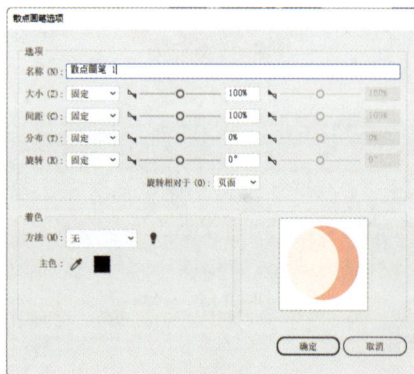

图3-139

（11）选中创建的路径，分别按快捷键Ctrl+C和Ctrl+F进行复制粘贴，然后在"画笔"面板中单击刚才新建的画笔，对路径进行描边，如图3-137所示，效果如图3-138所示。

（12）再次双击新建的画笔，打开"散点画笔选项"对话框，根据实际情况适当调整大小和间距的参数，如图3-139所示，修改后的描边效果如图3-140所示。

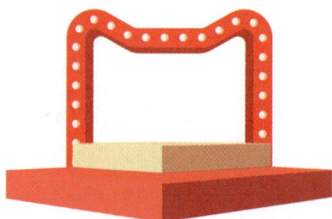

图3-140

（13）使用"文字工具"输入"-直播间福利-"字样，设置字体为"方正粗圆简体"、字体大小为15pt、填充色设置为红色（R:255，G:82，B:94），然后将文字对象与主对象水平居中对齐，如图3-141所示。

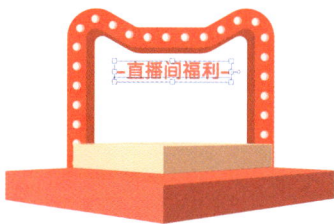

图3-141

（14）使用"文字工具"输入"88会员日"字样，设置字体为"方正兰亭特黑"、字体大小为23pt、填充色设置为红色（R:226，G:32，B:33），如图3-142所示。

图3-142

（15）使用"矩形工具"绘制一个宽88px、高20px的圆角矩形，设置填充色为淡黄色（R:248，G:216，B:149），如图3-143所示。

图3-143

（16）使用"文字工具"输入"立即抢购福利"字样，设置字体为"方正兰亭黑"、字体大小为12pt、填充色为咖啡色（R:210，G:151，B:67）。然后将文字对象与圆角矩形中心对齐，最终效果如图3-144所示。

图3-144

3.4.2 透视网格工具

"透视网格工具"用于创建透视网格，辅助绘制立体图形。具体操作方法如下。

1. 创建透视网格

选择"透视网格工具"🗖，在页面中会自动生成一个"两点透视网格"，如图3-145所示。

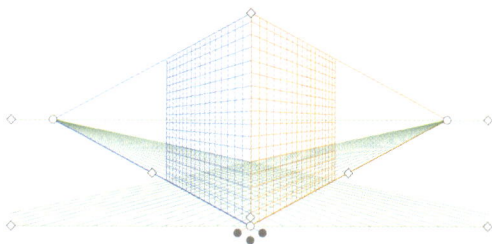

图3-145

2. 编辑透视网格

将鼠标指针移动到透视网格的各个节点上，可以进行相应的操作，以编辑透视网格，如图3-146所示。

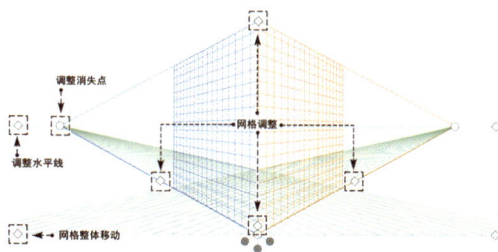

图3-146

执行"视图>透视网格"菜单命令，如图3-147所示，可以选择"一点透视网格"，如图3-148所示，或"三点透视网格"，如图3-149所示。

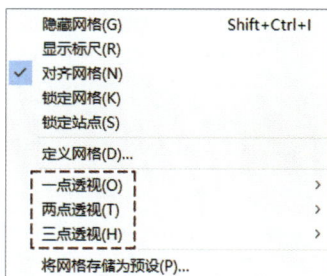

图3-147

3. 隐藏透视网格

选择"透视网格工具"，单击页面左上角的×隐藏透视网格，如图3-150所示。

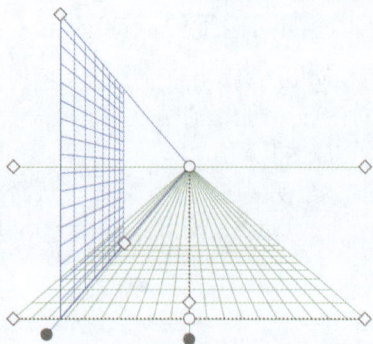

图3-148

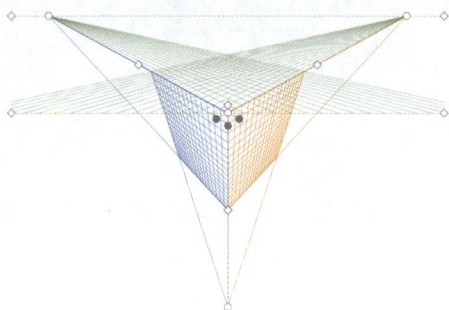

图3-149

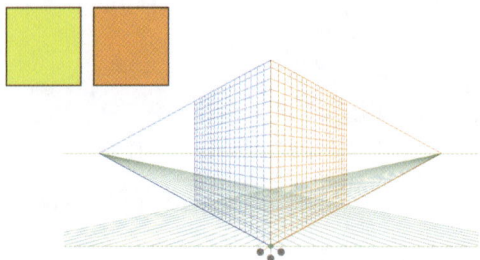

图3-150

3.4.3 透视选取工具

"透视选取工具"用于操作透视网格上的对象，具体操作方法如下。

首先，绘制两个正方形。然后，创建透视网格，如图3-151所示。接着，选择"透视选取工具" ，将其中一个正方形移动到左侧网格中，如图3-152所示。

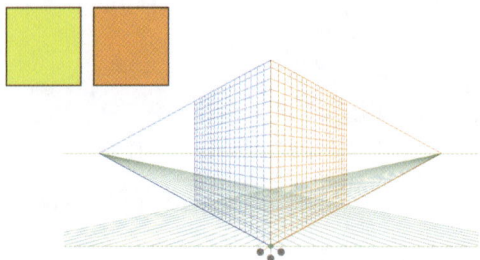

图3-151

使用"透视选取工具"，单击页面左上角的

右侧网格图标，如图3-153所示，然后将另一个正方形移动到右侧网格中，如图3-154所示。

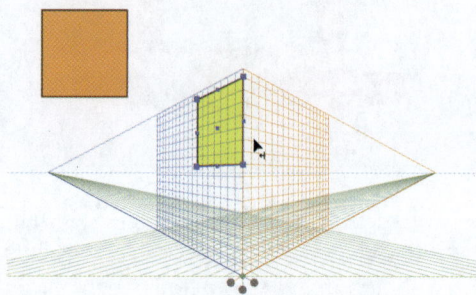

图3-152

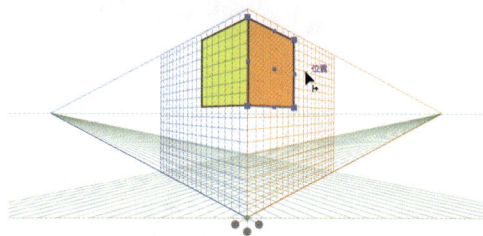

图3-153

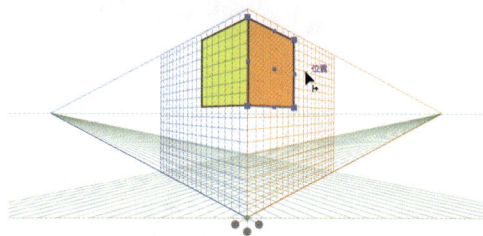

图3-154

技巧与提示

页面左上角的透视网格图标介绍如图3-155所示。

| 无网格激活 | 激活左侧网格 | 激活右侧网格 | 激活水平网格 |

图3-155

3.5 课后习题

请运用已掌握的知识进行课后练习。通过"绘制会员特惠日标签"和"绘制直播间领券标签"这两个案例，巩固对象编辑工具的使用方法和技巧。

3.5.1　绘制会员特惠日标签

效果文件位置	实例文件>CH03>课后习题>绘制会员特惠日标签.ai
素材文件位置	无
技术掌握	掌握透视网格的使用方法

习题要求：绘制一张网店中常用的会员特惠日标签，效果如图3-156所示。

图3-156

参考步骤

（1）使用"透视网格工具"绘制一个盒子，如图3-157所示。然后设置盒子的填充色，如图3-158所示。

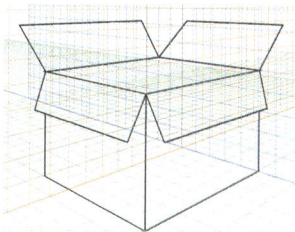

图3-157

图3-158

（2）使用"矩形工具"和"椭圆工具"绘制文字的底板，如图3-159所示。然后，使用"文字工具"输入文字对象，如图3-160所示。

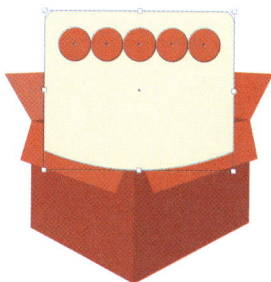

图3-159

图3-160

（3）使用"矩形工具"和"文字工具"添加内容，如图3-161所示。

图3-161

（4）添加"立即抢购"按钮，最终效果如图3-162所示。

图3-162

3.5.2 绘制直播间领券标签

效果文件位置	实例文件>CH03>课后习题>绘制直播间领券标签.ai
素材文件位置	无
技术掌握	掌握对象的编辑方法

课后习题：绘制直播间领券标签

习题要求：绘制一张网店中常用的直播间领取优惠券的标签，效果如图3-163所示。

图3-163

参考步骤

（1）使用"矩形工具"和"锚点工具"绘制主框架，如图3-164所示。然后使用"偏移路径"功能绘制轮廓，如图3-165所示。

图3-164

图3-165

（2）使用"锚点工具"删除内部轮廓底部的锚点，如图3-166所示。然后使用"路径查找器"绘制两侧的缺角，如图3-167所示。

图3-166

图3-167

（3）使用"文字工具"输入文字对象，如图3-168所示。

（4）使用"矩形工具"绘制底部的按钮，如图3-169所示。然后使用"文字工具"在按钮上输入文字对象，最终效果如图3-170所示。

图3-168

图3-169

图3-170

第4章 图层与蒙版

本章主要介绍图层的含义，学习如何在图层面板中操作图层和对象，如何调整对象的排列和顺序，以及如何创建剪切蒙版。

学习重点

- 图层的操作
- 对象的排列顺序
- 剪切蒙版

4.1 图层的管理

Illustrator的图层管理与Photoshop类似，是管理图层以及顺序的重要操作方法。

4.1.1 课堂案例：绘制上市标签

效果文件位置	实例文件>CH04>课堂案例>绘制上市标签.ai
素材文件位置	无
技术掌握	掌握图层的管理及应用

课堂案例：绘制上市标签

本案例中绘制的上市标签效果如图4-1所示。

图4-1

（1）使用"圆角矩形工具"绘制一个长度为235px、宽度为100px、圆角半径为14px的圆角矩形，如图4-2所示。

（2）使用"椭圆工具"绘制一个圆形，然后单击控制栏中的"形状"按钮。在"形状"面板中，将圆形的宽度和高度均设置为190px，并设置饼图的终点角度为180°，如图4-3所示。这

样得到一个半圆形，将半圆形放置在圆角矩形的上方，效果如图4-4所示。

图4-2

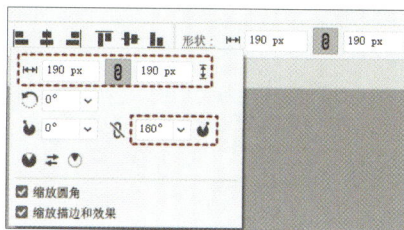

图4-3

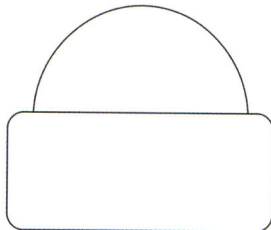

图4-4

（3）打开"路径查找器"面板，选中半圆形和圆角矩形对象，在"属性"面板中的"路径查找器"选项组中单击"联集"按钮 ■ 对图

形进行合并，如图4-5所示，合并对象后的效果如图4-6所示。

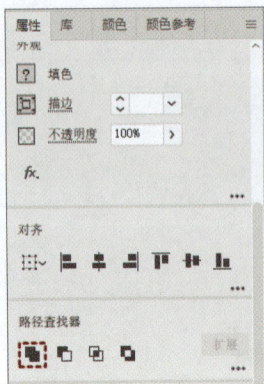

图4-5

图4-6

（4）执行"窗口>图层"菜单命令以打开"图层"面板，可以看到绘制的图形生成在"图层1"中，如图4-7所示。

图4-7

（5）执行"对象>路径>偏移路径"命令，打开"偏移路径"对话框。设置"位移"值为3.5mm，以绘制对象的内轮廓，如图4-8所示。然后在控制栏中，将偏移路径的描边颜色设置为红色、描边宽度设置为2pt、无填充颜色，如图4-9所示。

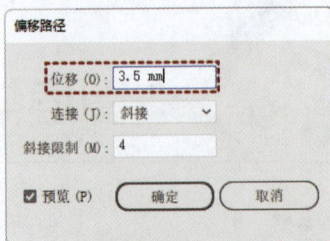

图4-8

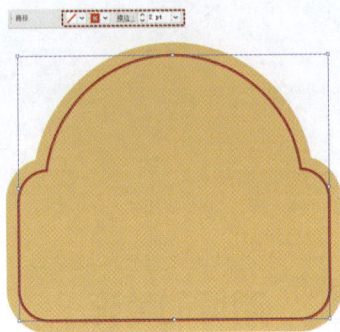

图4-9

（6）单击"图层"面板中的"创建新图层"按钮 ⊞ 新建一个图层（"图层2"），然后将偏移路径从"图层1"拖曳到"图层2"中，如图4-10所示。

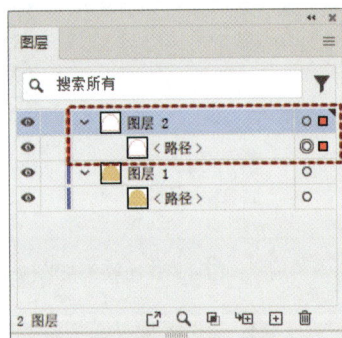

图4-10

（7）使用"矩形工具"绘制一个长为120px、宽为25px的矩形，如图4-11所示。

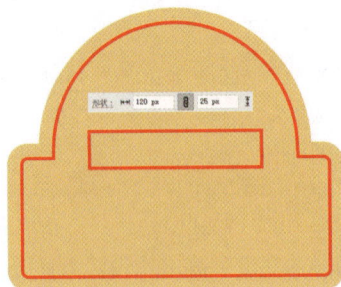

图4-11

（8）使用"钢笔工具"在矩形的左右两侧添加锚点，然后使用"直接选择工具"将锚点适当向内平移，如图4-12所示。接着，将修改后的矩形填充为红色，如图4-13所示。

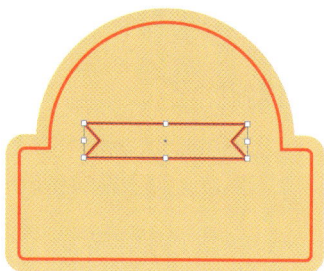

图4-12

图4-13

（9）新建一个图层，如图4-14所示。然后，使用"多边形工具"和"椭圆工具"绘制皇冠的轮廓，如图4-15所示。

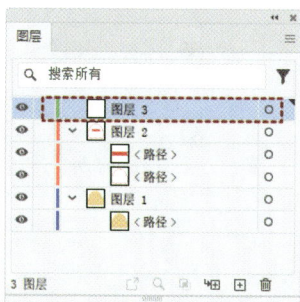

图4-14

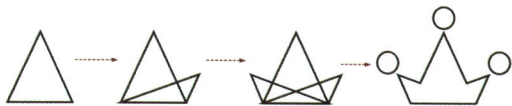

图4-15

（10）将皇冠填充为红色，如图4-16所示。

（11）新建一个图层，如图4-17所示，然后使用"文字工具"添加文字，最终效果如图4-18所示。

图4-16

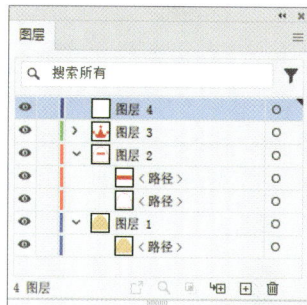

图4-17

图4-18

4.1.2　"图层"面板

执行"窗口>图层"菜单命令或按F7键打开"图层"面板，如图4-19所示。"图层"面板包含图层列表、快捷按钮和图层菜单。

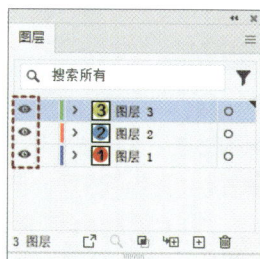

图4-19

4.1.3　图层的视图模式

图层包含3种视图模式：显示模式、隐藏模式和轮廓显示模式。

1. 显示模式

默认情况下，图层处于显示模式，图层左侧的"小眼睛"为激活状态，即图层内的对象均可见，如图4-20所示。

图4-20

2. 隐藏模式

单击图层左侧的"小眼睛"，"小眼睛"将消失，图层的视图模式会转换为隐藏模式，图层内的对象将变得不可见，如图4-21所示。

图4-21

3. 轮廓化显示

按住Ctrl键并单击图层左侧的"小眼睛"，"小眼睛"将显示为"眼睑"样式，图层的视图模式将转换为轮廓化显示，如图4-22所示。

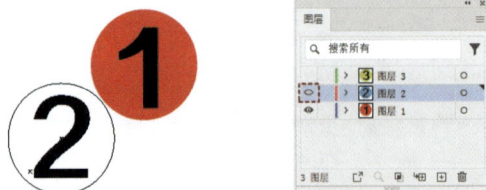

图4-22

4.1.4 锁定图层

单击"小眼睛"右侧的按钮可以锁定图层，被锁定图层内的对象将无法被编辑，如图4-23所示。再次单击之后，可以解锁该图层。

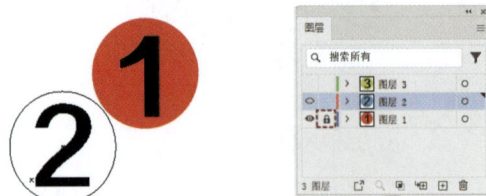

图4-23

> **技巧与提示**
>
> 按住Alt键为反向锁定图层，即被单击的图层不锁定，未被单击的图层锁定。

4.1.5 创建新图层

单击图层面板底部的"创建新图层"按钮，即可创建一个新图层，如图4-24所示。

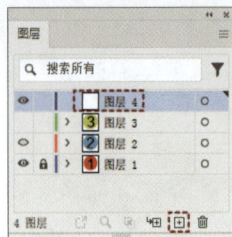

图4-24

4.1.6 创建新子图层

单击图层中的小箭头以展开图层内所包含的对象，如图4-25所示。然后单击"图层"面板底部的"创建新子图层"按钮，即可创建新的子图层，如图4-26所示。

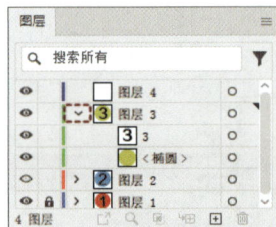

图4-25

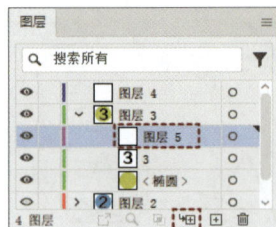

图4-26

4.1.7 图层内的对象操作

在"图层"面板中，可以快速定位和移动图层内的对象。

1. 图层定位

单击图层右侧的小圆圈,即可定位该图层,从而选中图层中的所有对象,如图4-27所示。然后在页面空白处单击鼠标,可以取消选择。

图4-27

2. 移动图层内的对象

图层定位之后,在图层的最右侧会显示一个小方块,表示该图层已被选中,如图4-28所示。按住鼠标左键拖曳该小方块到另一个图层,如图4-29所示,即可将原图层中的对象移动到另一个图层,如图4-30所示。

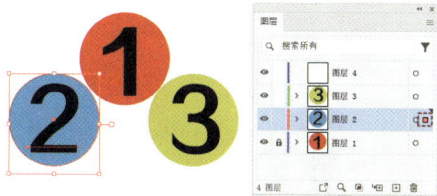

图4-28

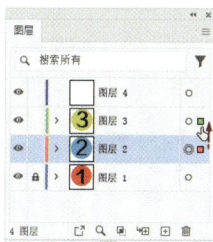

图4-29

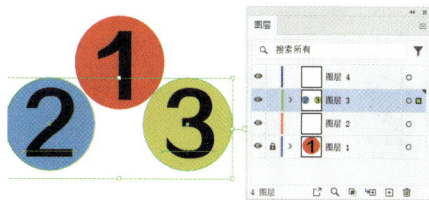

图4-30

💡 技巧与提示

按住Alt键并拖曳小方块,可以将该图层中的对象复制到另一个图层。

4.1.8 复制/删除图层

1. 复制图层

选中图层,按住鼠标左键将该图层拖曳到"创建新图层"按钮➕上,如图4-31所示,即可复制一个图层,如图4-32所示。

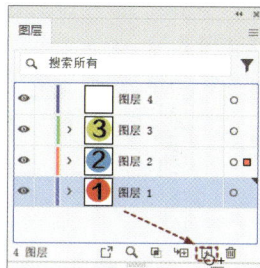

图4-31

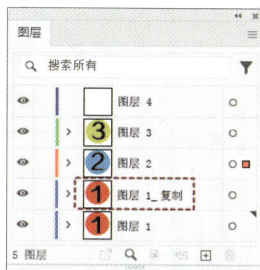

图4-32

2. 删除图层

选中图层后,单击图层面板底部的"删除所选图层"按钮🗑,如图4-33所示,即可删除该图层,如图4-34所示。

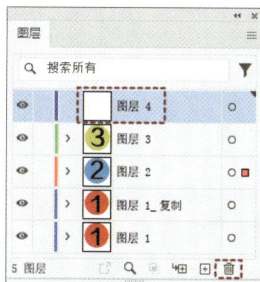

图4-33

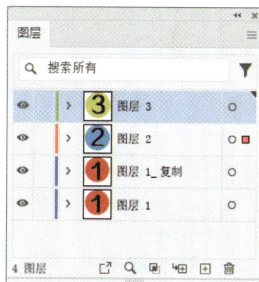

图4-34

4.1.9 调整图层的顺序

选中图层后，按住鼠标左键将其拖曳到其他图层的顶部或底部，即可调整图层的顺序，如图4-35和图4-36所示。

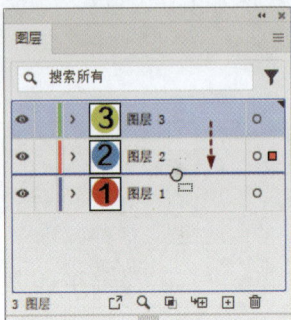

图4-35

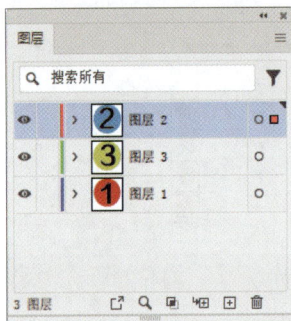

图4-36

4.1.10 拼合图稿

按住Ctrl或Shift键，选择多个图层，如图4-37所示。然后单击"图层"面板右上角的"菜单"按钮，在打开的菜单中选择"拼合图稿"命令，如图4-38所示。这样即可将所选图层中的对象拼合到一个图层内，如图4-39所示。

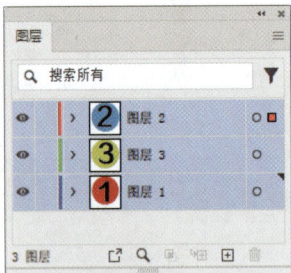

图4-37

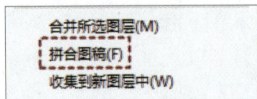

图4-38

图4-39

4.1.11 隔离模式

隔离模式是指在该模式下，只能编辑被隔离的对象，其他的外部对象不会受到影响。创建隔离模式的操作方法如下。

选中图层，如图4-40所示，单击"图层"面板右上角的"菜单"按钮，在打开的菜单中选择"进入隔离模式"命令，如图4-41所示，即可将所选的图层设置为隔离模式，如图4-42所示。操作完成后，在页面空白处双击鼠标即可退出隔离模式。

图4-40

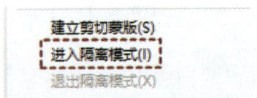

图4-41

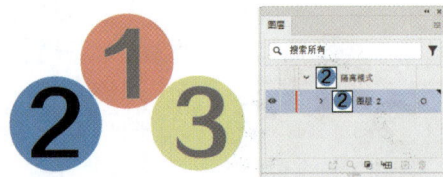

图4-42

> **技巧与提示**
>
> 在页面中双击对象，也可以进入隔离模式。

4.1.12 图层选项设置

双击任意图层以打开"图层选项"对话框，如图4-43所示。

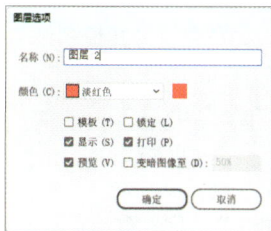

图4-43

图层选项介绍

● 名称：可以在后面的文本框内自定义图层名称。

● 模板：类似于锁定功能，一般用于锁定包含位图的图层，以便抠图。

● 打印：勾选该复选框可以导出对象，否则无法导出对象。

● 变暗图像至：一般用于将位图变暗，通常与模板复选框一同勾选。

4.2 对象的管理

对象的管理包括对象的排列顺序、对齐与分布、编组与解组、锁定与解除、隐藏与显示。

4.2.1 课堂案例：绘制App导航界面

效果文件位置	实例文件>CH04>课堂案例>绘制App导航界面.ai
素材文件位置	素材文件>CH04>课堂案例>导航界面元素.pdf
技术掌握	掌握对象的管理及应用

课堂案例：绘制App导航界面

本案例中绘制的App导航界面效果如图4-44所示。

（1）导入"导航界面元素.pdf"素材，然后使用"矩形工具"绘制一个矩形，并在控制栏中设置矩形的长度、宽度和圆角半径，如图4-45所示。

图4-44

图4-45

（2）将"导航界面元素.pdf"素材中的图标移动到圆角矩形的上方，如图4-46所示。

图4-46

（3）导入"导航界面元素.pdf"素材，然后使用"文字工具"输入导航栏文字对象，适当调整文字的大小，如图4-47所示。

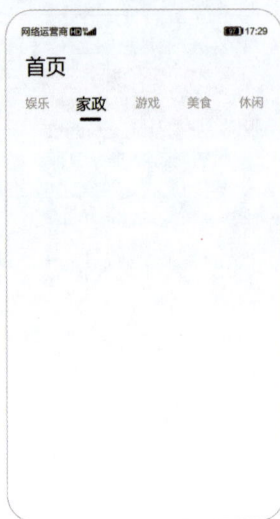

图4-47

（4）选中导航栏文字对象，执行"对象>编组"菜单命令，对导航栏文字对象进行编辑。

（5）使用"圆角矩形工具"绘制一个长度为920。3193px、宽度为296px、圆角半径为50px的圆角矩形，然后对其进行从蓝色到淡蓝色的线性渐变填充，如图4-48所示。

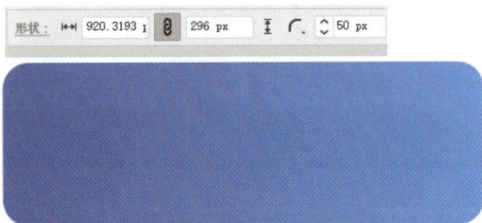

图4-48

（6）参照图4-49所示的图形效果，使用"钢笔工具"绘制两个封闭图形。

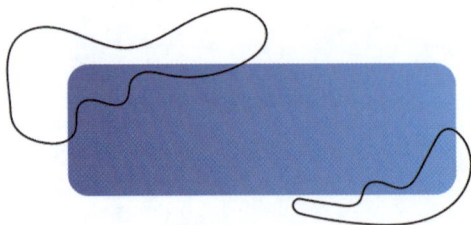

图4-49

（7）选择圆角矩形，按快捷键Ctrl+C进行

复制，然后按两次快捷键Ctrl+F进行粘贴，在原位置复制出两个圆角矩形。

（8）选中左上角的造型和一个圆角矩形，打开"路径查找器"面板，单击"交集"按钮，创建一个交集对象，如图4-50所示。然后，将交集图形填充为白色，并在控制栏中将其不透明度设置为10%，如图4-51所示。

图4-50

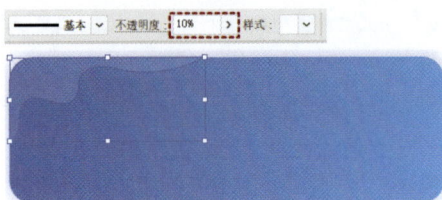

图4-51

（9）使用相同的方法，创建右下方的交集图形，效果如图4-52所示。然后选择图示中的3个对象，执行"对象>编组"菜单命令对其进行编组。

图4-52

（10）使用"文字工具"输入按钮中的文字内容，如图4-53所示。

图4-53

（11）使用"星形工具"绘制1个五角星，将其顶点调整为圆角、填充颜色为白色，如图4-54所示。

（12）复制4个五角星，将最后2个五角星的填充颜色取消，并将其描边颜色设置为白色，如图4-55所示。

图4-54

图4-55

（13）选中创建的5个五角星，依次执行"对象>对齐>垂直居中对齐"命令和"对象>分布>水平居中分布"命令，使图形进行垂直居中对齐和水平居中分布，效果如图4-56所示，然后对5个五角星进行编组。

图4-56

（14）使用"文字工具"输入"高效"字样，然后绘制一个圆角矩形，再执行"对象>排列>后移一层"菜单命令将圆角矩形移到"高效"文字的下一层，效果如图4-57所示。

图4-57

（15）将圆角矩形和"高效"文字编组，然后复制3次，再进行垂直居中对齐和水平居中分布，效果如图4-58所示。

图4-58

（16）使用"文字工具"修改按钮中的文字内容，效果如图4-59所示。随后将图示中的对象进行编组。

（17）向下复制3次按钮，分别执行"对象>对齐>水平居中对齐"菜单命令和"对象>分布>垂直居中分布"菜单命令对图形进行水平居中对齐和垂直居中分布，效果如图4-60所示。

图4-59

图4-60

（18）使用"直接选择"工具选择下方3个按钮的各个部分，对其进行颜色修改，然后使用"文字工具"修改按钮中的文字内容，效果如图4-61所示。

图4-61

（19）将轮船素材添加到图形左侧，效果如图4-62所示，然后使用"椭圆工具"绘制一个椭圆，执行"对象>排列>后移一层"菜单命令将椭圆放在轮船素材下一层，并修改轮船的颜色为蓝色，效果如图4-63所示。

图4-62

图4-63

（20）使用相同的方法，将素材中的图标移动到对应的按钮上，并修改图标的颜色，最终效果如图4-64所示。

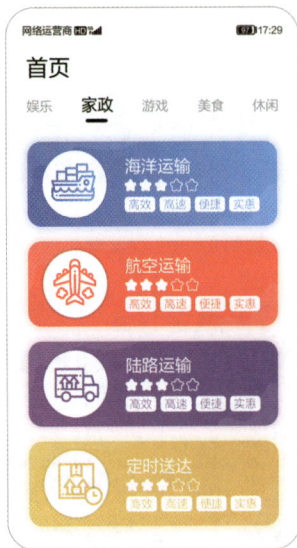

图4-64

4.2.2　对象的排列顺序

对象的排列顺序指的是对象在图层中的前后位置，可以通过以下方法调整对象的排列顺序。

1.　使用菜单命令调整对象的排列顺序

选中对象后，执行"对象>排列"菜单命令。在打开的子菜单中选择相应的命令，即可调整对象的排列顺序，如图4-65所示。

置于顶层(F)	Shift+Ctrl+]
前移一层(O)	Ctrl+]
后移一层(B)	Ctrl+[
置于底层(A)	Shift+Ctrl+[
发送至当前图层(L)	

图4-65

排列菜单命令介绍

• 置于顶层：将所选对象放置在所有对象的最上层，如图4-66所示。

图4-66

• 前移一层：将所选对象向上移动一层，如图4-67所示。

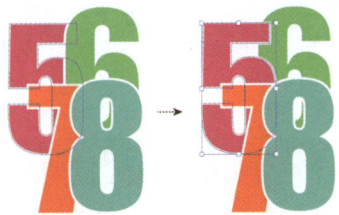

图4-67

• 后移一层：将所选对象向下移动一层，如图4-68所示。

图4-68

• 置于底层：将所选对象放置到所有对象的最底层，如图4-69所示。

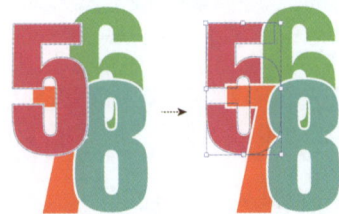

图4-69

2. 使用鼠标右键菜单调整对象的排列顺序

选中对象后，单击鼠标右键，在弹出的快捷菜单中选择"排列"下的相应命令来调整对象的排列顺序。

4.2.3 对象的对齐与分布

对齐与分布功能可以精确调整对象之间的对齐方式和分布间距，具体操作方法如下。

执行"窗口>对齐"菜单命令或按Shift+F7组合键打开"对齐"面板，如图4-70所示。当选中对象后，可以通过单击面板中的"对齐"或"分布"按钮来对齐或分布对象。

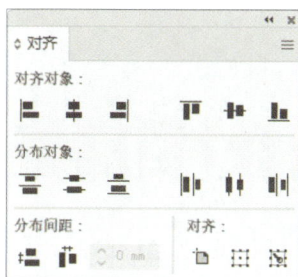

图4-70

对齐对象选项介绍

• 水平左对齐 ▐ ：将两个或多个对象的左侧对齐，以最左边对象的最左侧为基准，如图4-71所示。

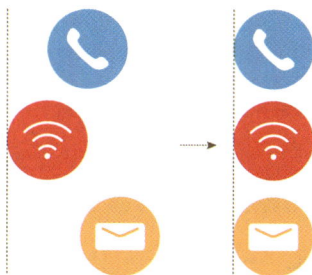

图4-71

• 水平居中对齐 ▮ ：将两个或多个对象以被选中对象的中心为基准进行水平居中对齐，如图4-72所示。

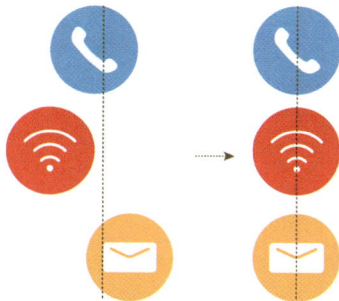

图4-72

• 水平右对齐 ▐ ：将两个或多个对象以最右边对象的最右侧为基准向右对齐，如图4-73所示。

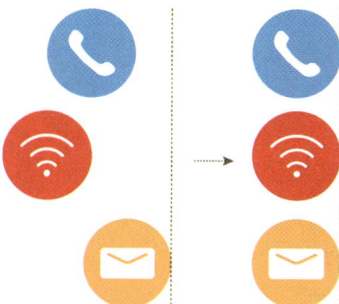

图4-73

• 垂直顶对齐 ▀ ：将两个或多个对象以最上方对象的最高处为基准向上方对齐，如图4-74所示。

图4-74

• 垂直居中对齐 ▬ ：将两个或多个对象以被选中对象的中心为基准对齐到垂直中心，如图4-75所示。

图4-75

● 垂直底对齐■：将两个或多个对象以最下方对象的底部为基准向下方对齐，如图4-76所示。

图4-76

分布对象选项介绍

● 垂直顶分布■：以每个对象的最上方为基准垂直平均分布对象，如图4-77所示。

● 垂直居中分布■：以每个对象的中心为基准，垂直平均分布对象，如图4-78所示。

● 垂直底分布■：以每个对象的最下方为基准垂直平均分布对象，如图4-79所示。

 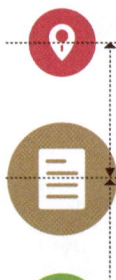 

图4-77　　　　图4-78　　　　图4-79

● 水平左分布■：以每个对象的最左侧为基准，水平平均分布对象，如图4-80所示。

图4-80

● 水平居中分布■：以每个对象的中心为基准，水平平均分布对象，如图4-81所示。

图4-81

● 水平右分布■：以每个对象的最右侧为基准，水平平均分布对象，如图4-82所示。

图4-82

分布间距选项介绍

● 垂直分布间距■：单击此按钮，所选对象将按照相等的间距进行垂直平均分布。

● 水平分布间距■：单击此按钮，所选对象将按照相等的间距进行水平平均分布。

技巧与提示

选择需要分布的对象，单击其中一个对象后，可以在后面的文本框内输入间距数值，如图4-83所示。单击"垂直分布间距"按钮或"水平分布间距"按钮，所需要分布的对象将以此对象为基准、根据输入的数值为距离进行平均分布。

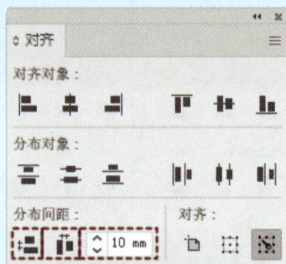

图4-83

4.2.4　对象的编组与解组

选中需要编组的对象，按Ctrl+G组合键进行编组；选中需要解组（取消编组）的对象，按Ctrl+Shift+G组合键进行解组。

4.2.5　对象的锁定与解除

选中需要锁定的对象，按Ctrl+2组合键进行锁定；按Ctrl+Alt+2组合键解除所有锁定的对象。

4.2.6　对象的隐藏与显示

选中需要隐藏的对象，按Ctrl+3组合键进行隐藏；按Ctrl+Alt+3组合键显示所有隐藏的对象。

4.3 剪切蒙版

剪切蒙版可以理解为将下层对象置入到上层图形中。创建剪切蒙版后，图形中只显示蒙版形状内的对象。

4.3.1 课堂案例：绘制春季新风尚标签

效果文件位置	实例文件>CH04>课堂案例>绘制春季新风尚标签.ai
素材文件位置	素材文件>CH04>课堂案例> 01.png、02.png、03.png、04.png、05.png
技术掌握	掌握剪切蒙版的使用

课堂案例：绘制春季新风尚标签

本案例绘制的春季新风尚标签效果如图4-84所示。

图4-84

（1）使用"矩形工具"绘制一个宽825px、高200px的圆角矩形，如图4-85所示。

图4-85

（2）导入"素材文件>CH04>课堂案例>01.png、02.png、03.png、04.png、05.png"文件，将这些素材对象进行移动，如图4-86所示。

图4-86

（3）将圆角矩形置于顶层，选中所有对象后执行"对象>剪切蒙版>建立"菜单命令，创建

剪切蒙版对象，效果如图4-87所示。

图4-87

（4）选中剪切蒙版对象，设置填充色为浅绿色（R:210，G:239，B:158），如图4-88所示。

图4-88

（5）使用"铅笔工具"绘制3条闭合路径，如图4-89所示。然后将这3条闭合路径的填充色设置为绿色（R:174，G:210，B:92），如图4-90所示。接着选中这3个对象，在"属性"面板中将"不透明度"设置为46%，效果如图4-91所示。

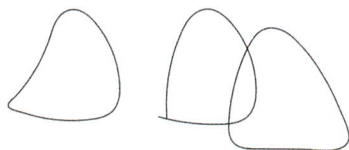

图4-89

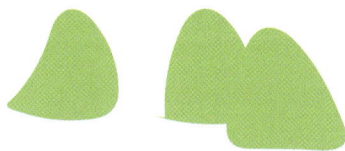

图4-90

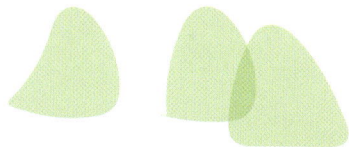

图4-91

（6）选择3条闭合路径，按Ctrl+X组合键对其进行剪切。接着，使用鼠标双击剪切蒙版对象，进入隔离剪切组。然后按Ctrl+V组合键将3个对象进行粘贴，再将其移动到主对象的下方，进行适当调整，效果如图4-92所示。最后，在页面空白处双击鼠标退出剪切组，得到的效果如图4-93所示。

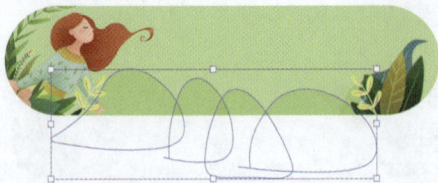

图4-92

图4-93

（7）使用"文字工具"输入"春季新风尚"字样，设置字体为"方正劲黑简体"、字体大小为72pt、填充色为深绿色（R:74，G:144，B:37），如图4-94所示。

图4-94

（8）使用"矩形工具"绘制一个宽330px、高50px的矩形，设置填充色为白色（R:255，G:255，B:255），如图4-95所示。

图4-95

（9）调整矩形左下角和右上角的边角构件，如图4-96所示。然后复制一个矩形到原矩形的下一层，并将其填充色设置为绿色（R:146，G:190，B:72），再将其向右下角移动适当的距离，效果如图4-97所示。

图4-96

图4-97

（10）使用"文字工具"输入"上新优品五折优惠"字样，设置字体为"方正兰亭粗黑简体"、字体大小为29pt、填充色为深绿色（R:74，G:144，B:37），如图4-98所示。

图4-98

（11）使用"圆角矩形工具"在文字对象后面绘制一个边长为26px的圆角矩形，设置填充色为深绿色（R:74，G:144，B:37），如图4-99所示。

图4-99

（12）使用"多边形工具"绘制一个宽15px、高18px的三角形，设置填充色为白色（R:255，G:255，B:255）与刚才绘制的圆角矩形中心对齐，最终效果如图4-100所示。

图4-100

4.3.2　创建剪切蒙版

剪切蒙版位于被剪切对象的上层，剪切蒙版只能是矢量图形，而被剪切对象可以是矢量图形或位图。创建剪切蒙版有以下2种方法。

1.　使用菜单命令创建剪切蒙版

选中需要创建剪切蒙版的两个或多个对象，如图4-101所示，然后执行"对象>剪切蒙版>建立"菜单命令，即可创建剪切蒙版效果，如图4-102所示。

2.　使用鼠标右键创建剪切蒙版

选中需要创建剪切蒙版的两个或多个对象，然后单击鼠标右键，在弹出的菜单中选择"建立剪切蒙版"命令，即可创建剪切蒙版，如图4-103所示。

图4-101

图4-102

图4-103

4.3.3 编辑剪切蒙版

剪切蒙版创建完成后，可以编辑剪切蒙版的形状或被剪切的对象。

1. 编辑剪切路径

选中剪切蒙版对象，单击控制栏中的"编辑剪切路径"按钮 ◙ （默认情况下该按钮已激活），即可编辑该图形的路径和锚点，如图4-104所示。

图4-104

2. 编辑内容

选中剪切蒙版对象后，单击控制栏中的"编辑内容"按钮 ◉ 即可编辑被剪切的对象，如

图4-105所示。

图4-105

4.3.4 释放剪切蒙版

选择剪切蒙版对象后，执行"对象>剪切蒙版>释放"菜单命令，或在对象上单击右键，在弹出的菜单中选择"释放剪切蒙版"命令，即可释放剪切蒙版，如图4-106所示。

图4-106

4.4 课后习题

请运用已掌握的知识进行课后练习。通过"绘制夏季焕新标签"和"绘制秋季上新标签"两个案例，巩固绘图工具的使用方法和技巧。

4.4.1 绘制夏季焕新标签

效果文件位置	实例文件>CH04>课后习题>绘制夏季焕新标签.ai	
素材文件位置	素材文件>CH04>课后习题> 02.png、03.png、04.png	 课后习题：绘制夏季焕新标签
技术掌握	掌握剪切蒙版的使用	

习题要求：绘制一张网店中常用的夏季焕新标签，效果如图4-107所示。

图4-107

参考步骤

（1）使用"矩形工具"和"路径偏移"功能绘制3个圆角矩形，如图4-108所示。接着，填充颜色，并给中间的圆角矩形添加"投影"效果，如图4-109所示。

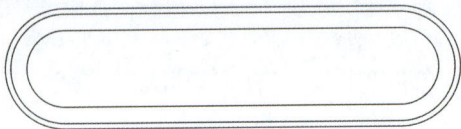

图4-108

图4-109

（2）导入素材文件，使用圆角矩形和素材在主对象的右侧创建剪切蒙版，如图4-110所示。

图4-110

技巧与提示

创建剪切蒙版时，首先复制一个圆角矩形。剪切蒙版创建完成后，将圆角矩形粘贴于顶层。

（3）使用"文字工具"输入文本对象，如图4-111所示。

图4-111

（4）复制一个文字对象到下一层，然后使用

"倾斜工具"绘制投影效果，如图4-112所示。最后绘制基本图形和文字对象，效果如图4-113所示。

图4-112

图4-113

4.4.2　绘制秋季上新标签

效果文件位置	实例文件>CH04>课后习题>绘制秋季上新标签.ai
素材文件位置	素材文件>CH04>课后习题>02.png、03.png、04.png
技术掌握	剪切蒙版的使用

课后习题：绘制秋季上新标签

习题要求：绘制一张网店中常用的秋季上新标签，效果如图4-114所示。

图4-114

参考步骤

（1）使用"矩形工具"绘制一个圆角矩形，接着导入素材文件，并将其移动到适当位置，如图4-115所示。然后创建剪切蒙版，如图4-116所示。

图4-115

图4-116

（2）选中主对象，进入隔离模式后绘制一个矩形，如图4-117所示。

图4-117

（3）使用"文字工具"输入文本对象，如图4-118所示。

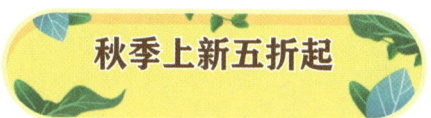

图4-118

（4）使用"矩形工具"绘制底部的按钮，如图4-119所示。接着，绘制基本图形和文本对象，最终效果如图4-120所示。

图4-119

图4-120

第 **5** 章 ▷ 运用色彩

本章主要介绍色彩的基础知识，学习如何对对象进行颜色填充和描边。常用的填充类型包括单色填充、渐变色填充、图案填充、渐变网格填充和透明度填充。通过本章的学习，我们可以掌握色彩编辑的能力，为对象创建丰富的色彩效果。

🎯 学习重点

- 单色填充
- 渐变色填充
- 渐变网格填充
- 透明度填充

5.1 色彩填充

色彩填充包括对图形进行单色填充和渐变色填充。在进行色彩填充之前，还需要掌握色彩的基础知识。

工具名称	工具图标	工具作用	重要程度
"颜色"面板	无	选择颜色、设置填充色	高
"色板"面板	无	设置填充色和描边色	高
渐变工具	▨	设置渐变色填充效果	高
网格工具	▨	设置网格化填充的效果	高
"透明度"面板	无	设置对象的透明度效果	高
实时上色工具	▨	实时设置对象的填充色和描边色	中
吸管工具	✎	采集、复制填充色和描边色	高

5.1.1 课堂案例：绘制领券享优惠标签

效果文件位置	实例文件>CH05>课堂案例>绘制领券享优惠标签.ai
素材文件位置	素材文件>CH05>01.png
技术掌握	掌握渐变工具的使用

课堂案例：绘制领券享优惠标签

本案例中绘制的领券享优惠标签效果如图5-1所示。

图5-1

（1）使用"矩形工具"绘制一个宽860px、高190px的圆角矩形，如图5-2所示。然后使用"偏移路径"菜单命令绘制一个位移为-10px的圆角矩形，如图5-3所示。

图5-2

图5-3

（2）选中大的圆角矩形，绘制线性渐变效果，设置渐变色的角度为0°，设置位置0的颜色为浅橙色（R:248，G:195，B:109）、位置50的颜色为浅黄色（R:255，G:255，B:223）、位置100的颜色为浅橙色（R:248，G:195，B:109），效果如图5-4所示。

图5-4

（3）选中小的圆角矩形，使用"渐变工具"绘制线性渐变效果，设置渐变色角度为-90°，将位置0的颜色设置为红色（R:234，G:42，B:42）、位置100的颜色设置为橙色（R:241，G:126，B:40），效果如图5-5所示。

图5-5

（4）导入"素材文件>CH05>01.png"文件，适当缩放其大小，然后将其移动到圆角矩形的左侧，如图5-6所示。

图5-6

（5）使用"文字工具"输入"领券享优惠"字样，设置字体为"方正劲黑简体"、字体大小为76pt，如图5-7所示。

图5-7

（6）在"外观"面板中单击"添加新填色"按钮，然后将"填色"栏移动到面板的上层，如图5-8所示。接着使用"渐变工具"为文字制作线性渐变效果，设置渐变色角度为-90°，设置位置0的颜色为白色（R:255，G:255，B:255）、位置100的颜色为浅粉色（R:255，G:226，B:187），如图5-9所示。

（7）执行"效果>风格化>投影"菜单命令，为文字添加"投影"效果。在打开的"投影"面板中设置参数如图5-10所示，效果如图5-11所示。

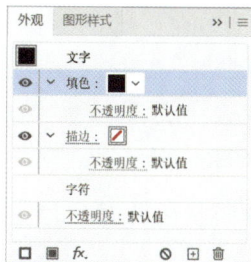
图5-8

图5-9

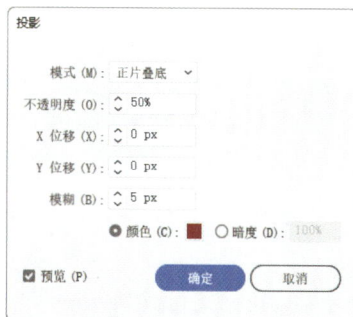
图5-10

图5-11

（8）在页面空白处使用"矩形工具"绘制一个宽420px、高40px的圆角矩形，如图5-12所示。

图5-12

（9）依次按快捷键Ctrl+C和Ctrl+F复制一个圆角矩形，然后在其左侧绘制一个矩形，如图5-13所示。

图5-13

（10）选中矩形和其中一个圆角矩形，在"路径查找器"中单击"交集"按钮对图形进行交集操作，效果如图5-14所示。

图5-14

（11）选中左侧的对象，使用"渐变工具"绘制线性渐变效果，将渐变色的角度设置为-90°，设置位置0的颜色为黄色（R:255，G:232，B:101）、位置100的颜色设置为深黄色（R:255，G:184，B:53），如图5-15所示。

图5-15

（12）选中底层的圆角矩形，使用"渐变工具"绘制线性渐变效果，设置渐变色的角度为-90°，设置位置0的颜色为红色（R:237，G:46，B:15）、位置100的颜色为深红色（R:177，G:13，B:58），如图5-16所示。

（13）使用"文字工具"输入文字内容，设置字体为"方正兰亭黑简体"、字体大小为26.8pt，如图5-17所示。

图5-16

图5-17

（14）参照前面的步骤制作"超级品类日"文字对象的线性渐变效果，设置渐变色的角度为-90°，设置位置0的颜色为红色（R:237，G:46，B:15）、位置100的颜色为深红色（R:177，G:13，B:58），如图5-18所示。

图5-18

（15）制作"天天抢30元红包"文字对象的线性渐变效果，设置渐变色的角度为-90°，设置位置0的颜色为白色（R:255，G:255，B:255）、位置100的颜色为浅粉色（R:255，G:225，B:184），如图5-19所示。

图5-19

（16）使用"椭圆工具"绘制一个直径为26px的圆形，然后使用"渐变工具"制作径向渐变效果，设置位置0的颜色为白色（R:255，G:255，B:255）、位置100的颜色为浅粉色（R:255，G:225，B:184），如图5-20所示。

图5-20

（17）使用"多边形工具"绘制一个三角形，设置填充色为红色（R:195，G:13，B:35），最后将三角形与圆形中心对齐，然后对图示中的所有对象进行编组，如图5-21所示。

图5-21

（18）将该编组对象移动到主对象中，适当调整尺寸，然后将其与文字对象水平居中对齐，如图5-22所示。

图5-22

（19）在页面空白处使用"椭圆工具"绘制3个直径分别为115px、109px和95px的圆形，如图5-23所示。

图5-23

（20）选中最小的圆形，使用"渐变工具"制作径向渐变效果，设置渐变色为角度为-90°，设置位置0的颜色为橘红色（R:251，G:124，B:34）、位置100的颜色为红色（R:225，G:22，B:37），如图5-24所示。

（21）选中第二大的圆形，使用"渐变工具"制作径向渐变效果，设置渐变色的角度为-90°，设置位置0的颜色为橘红色（R:254，G:165，B:90）、位置100的颜色为红色（R:214，G:10，B:21），如图5-25所示。

（22）选中最大的圆形，使用"渐变工具"制作径向渐变效果，设置渐变色的角度为-90°，设置位置0的颜色为橘黄色（R:250，G:195，B:112）、位置50的颜色为浅黄色（R:255，G:244，B:231）、位置100的颜色为橘黄色（R:250，G:195，B:112），如图5-26所示。

图5-24　　　　图5-25　　　　图5-26

（23）使用"文字工具"输入"抢"字样，设置字体为"方正兰亭粗黑简体"、字体大小为65pt，如图5-27所示。

（24）参照前面的步骤，制作"抢"文字对象的线性渐变效果。设置渐变色的角度为-90°，设置位置0的颜色为浅黄色（R:255，G:252，B:223）、位置100的颜色为黄色（R:250，G:195，B:107），如图5-28所示。

（25）将该文字对象复制一个到下一层，设置填充色为深红色（R:195，G:13，B:35），然后将其向右下角移动适当的距离，并对图示中的对象进行编组，如图5-29所示。

图5-27　　　　图5-28　　　　图5-29

（26）将该编组对象移动到主对象中，最终效果如图5-30所示。

图5-30

5.1.2　色彩的基础知识

色彩是表达事物的一种形式，通过肉眼可以直接感受到色彩带给人们的丰富多彩的视觉效果。

1. 关于颜色

我们肉眼所能看见的光线即为颜色。不同波长的光线（电磁波）表现为不同的颜色。颜色由三大要素组成：色相、明度和饱和度，如图5-31所示。

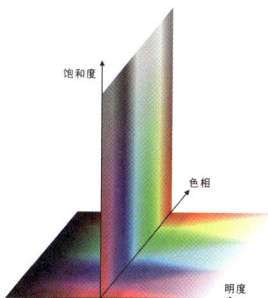

图5-31

2. 颜色的模式

常用的颜色模式包括RGB颜色模式和CMYK颜色模式。

（1）RGB颜色模式。RGB颜色模式由红色（Red）、绿色（Green）、蓝色（Blue）三基色组成，每个颜色通道拥有256级的色彩强度值，总共可以组合出16777216种颜色。RGB是一种自发光叠加的色彩模型。每种颜色叠加的强度值越高，色彩越亮。RGB主要应用于显示器场景，图5-32是Illustrator的RGB"颜色"面板。

（2）CMYK颜色模式。CMYK颜色模式由青色(C)、洋红色(M)、黄色(Y)、黑色(K) 4种油墨颜色组成，每种颜色对应0%～100%的浓度值。CMYK是一种反射叠加的色彩模型。与RGB不同，CMYK主要应用于印刷品场景，图5-33展示了Illustrator中的CMYK"颜色"面板。

图5-32　　　　　　　图5-33

色和描边色，如图5-36所示。

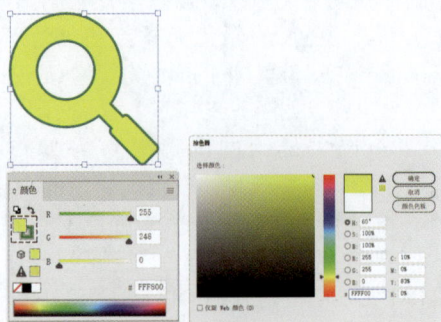

图5-36

技巧与提示

RGB颜色模式比CMYK颜色模式要鲜亮，并且RGB颜色模式能够显示的色彩范围（色域）大于CMYK颜色模式。

3. 专色

专色可以理解为一种使用特制油墨印刷的颜色。专色不同于CMYK颜色模式，其每一种颜色都是固定的，且专色的色域大于RGB颜色模式。使用专色印刷可以让印刷品的色彩表现力更加广阔。

专色可以准确表现出标准的色彩，通常需要配合色卡来选择使用，如图5-34所示。

图5-34

5.1.3　单色填充

单色填充是指对选定对象的内部填充指定的颜色。该对象可以是闭合路径，也可以是开放路径。

1. 使用"颜色"面板

执行"窗口>颜色"菜单命令打开"颜色"面板，如图5-35所示。"颜色"面板可以设置对象的填充色和描边色，我们可以使用以下3种方法进行操作。

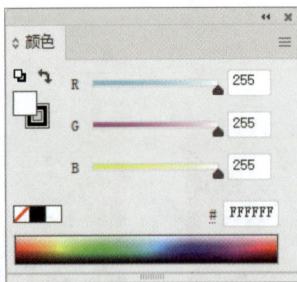

图5-35

（1）使用拾色器设置。双击"填色"或"描边"图标打开"拾色器"对话框，即可设置填充

（2）使用颜色滑块进行设置。单击"填色"或"描边"图标，通过调整"颜色"面板右侧的滑块来设置填充色和描边色，如图5-37所示。

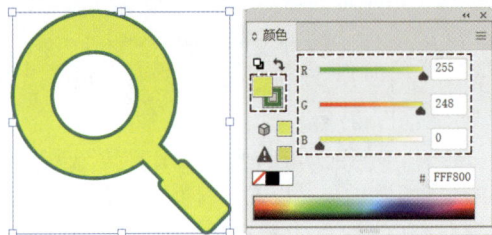

图5-37

（3）使用色谱设置。单击"填色"或"描边"图标，然后将鼠标指针移动到色谱中吸取所需的颜色以设置填充色和描边色，如图5-38所示。

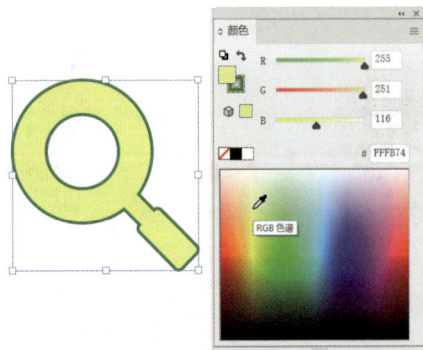

图5-38

单击"颜色"面板的右上角按钮，可以打开"颜色"面板，如图5-39所示。

"颜色"面板选项介绍

• 灰度/RGB/HSB/CMYK/Web安全RGB：单击后可选择不同的颜色模式。

• 反相：单击该命令，激活的"填色"或"描边"将被替换为相反色，如图5-40所示。

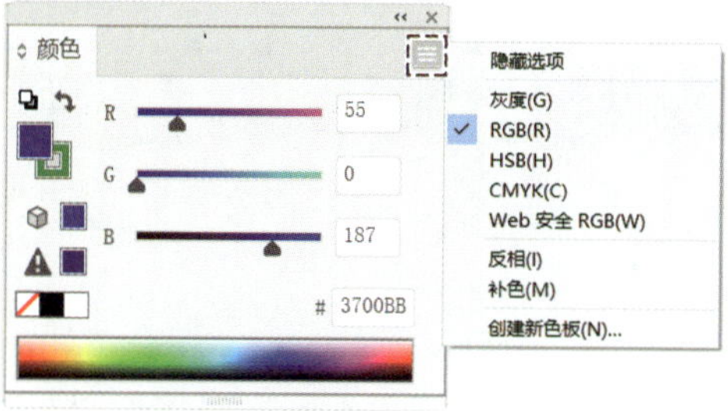

图5-39

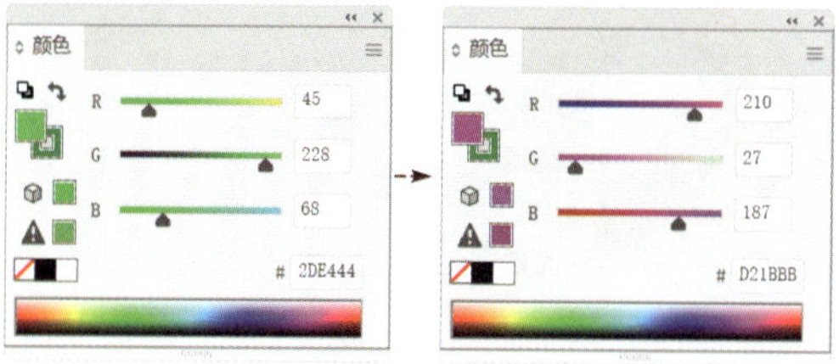

图5-40

• 补色：单击此命令，当前激活的“填色”或“描边”将被替换为其互补色，如图5-41所示。

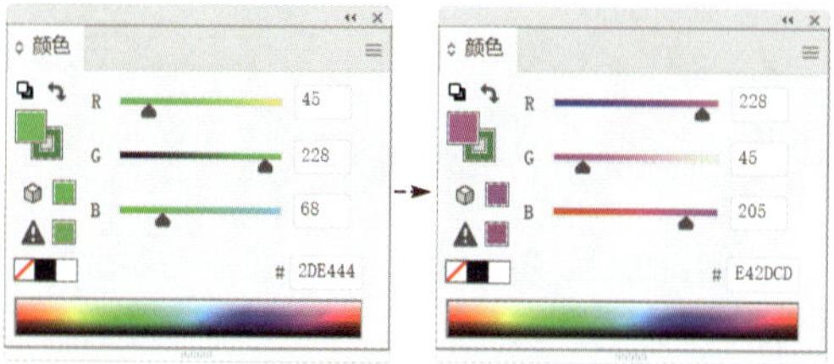

图5-41

• 创建新色板：单击该命令，程序将创建一个以当前正在编辑的颜色为蓝本的新色板，并将该颜色添加至“色板”面板中，如图5-42所示。

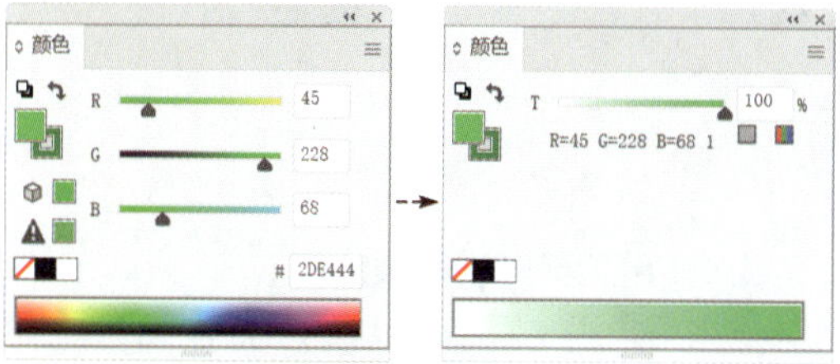

图5-42

技巧与提示

单击“默认填色和描边”按钮，填充色将被设置为白色，描边色将被设置为黑色。

单击“互换填色和描边”按钮，填充色和描边色将相互交换。

2. 使用“色板”面板

执行“窗口>色板”菜单命令打开“色板”面板，如图5-43所示。使用“色板”面板设置对象的填充色和描边色的方法与使用“颜色”面板类似，首先，单击“填色”或“描边”图标，然后将鼠标指针移动到色板中的色样上单击鼠标，如图5-44所示，即可设置填充色或描边色。

图5-43

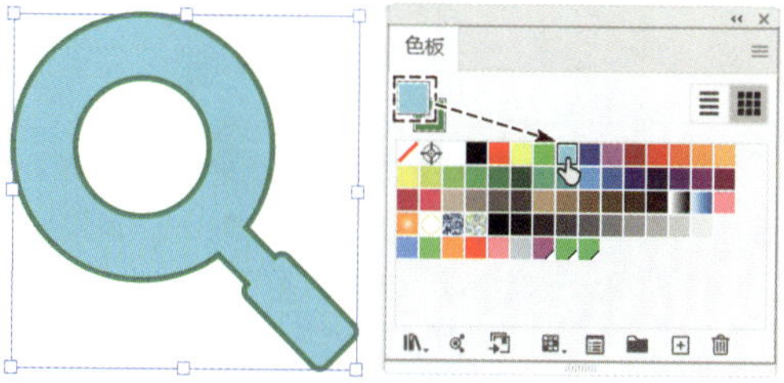

图5-44

“色板”面板选项介绍

• 显示视图列表/显示缩略图视图：单击这两个按钮可以切换色板的显示样式，如图5-45所示。

图5-45

• 色板库菜单：单击该按钮会弹出“色库”菜单，选择需要的命令就可以打开对应的色板，方便我们进行调用，如图5-46所示。

• 显示：单击该按钮可以在面板中显示不同类型的色板，包括：颜色色板、渐变色板、图案色板和颜色组，如图5-47所示。

• 色板选项：单击该按钮，可以打开“色

板选项"对话框，如图5-48所示。在该对话框
内可以设置"色板名称""颜色类型"等参数。

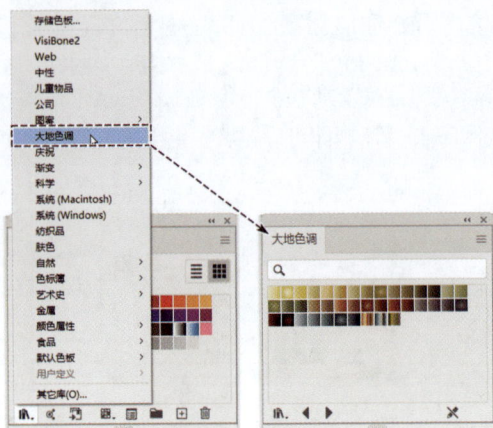

图5-46

图5-47

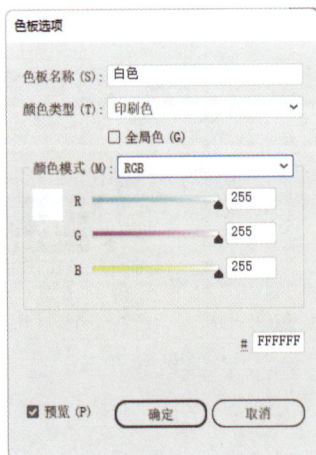

图5-48

● 新建颜色组 📁：单击此按钮可以创建一
个颜色组。我们可以在"色板"面板内拖曳色样
到颜色组，也可以直接在颜色组内创建色样，如
图5-49所示。

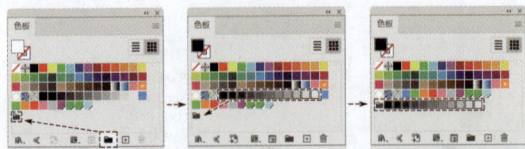

图5-49

● 新建色板 ⊞：选中对象，单击该按钮，即
可将对象的填充色添加至色板中，如图5-50所示。

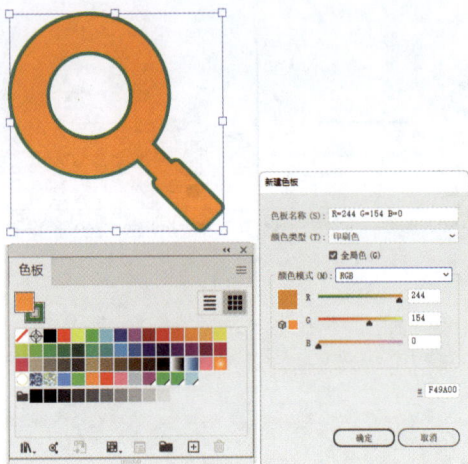

图5-50

● 删除色板 🗑：在色板中选中色样，然后
单击该按钮，即可在"色板"面板中删除该色
样，如图5-51所示。

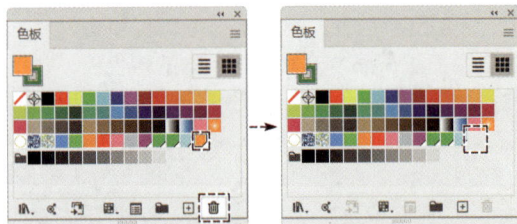

图5-51

3. 使用工具栏设置颜色

选中对象后，双击工具栏中的"填色"或"描
边"选项，如图5-52所示，即可打开"拾色器"
对话框，设置填充色或描边色，如图5-53所示。

图5-52

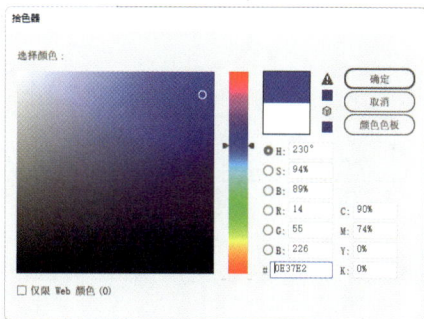

图5-53

工具栏颜色设置选项介绍

● 互换填色和描边 ⤵：单击此按钮，调色和描边的颜色将进行互换，如图5-54所示。

● 默认填色和描边 ▣：单击该按钮，对象的填色将设置为白色，描边色将设置为黑色，如图5-55所示。

图5-54　　　　　　　图5-55

● 颜色 ▣：切换填充模式为单色填充。

● 渐变 ▣：切换填充模式为渐变色填充。

◆ 无 ☑：设置对象的填充色为无。

4. 吸管工具

"吸管工具"用于挑选另一个对象的属性，并将该属性复制到被选中的对象上，常用于复制颜色属性，使用方法如下。

选中对象，单击工具栏中的"吸管工具" ✐，然后将鼠标指针移动到另一个对象上并单击鼠标，如图5-56所示，即可将该对象的属性复制到刚才选中的对象上，如图5-57所示。

图5-56　　　　　　　图5-57

5. 使用"描边"面板

执行"窗口>描边"菜单命令打开"描边"面板，如图5-58所示。

"描边"面板选项介绍

● 粗细：设置对象的描边粗细，数值越大，描边越粗；数值越小，描边越细。

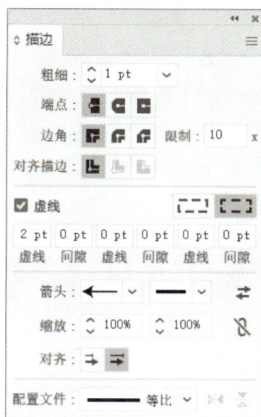

图5-58

● 端点：设置线条端点的样式，具体如下。

◆ 平头端点 ▣：将端点样式设置为平头样式，如图5-59所示。

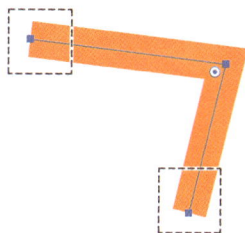

图5-59

◆ 圆头端点 ▣：设置端点样式为圆头样式，如图5-60所示。

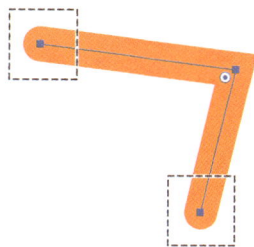

图5-60

◆ 方头端点 ▣：将端点样式设置为方头样式，如图5-61所示。

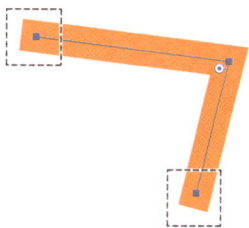

图5-61

- 边角：设置边角连接处的样式，具体如下。
  - 斜接连接 ![]：设置边角为斜接样式，如图5-62所示。在后面的"限制"文本框内输入数值，可将斜接连接转换为斜角连接。
  - 圆角连接 ![]：设置边角为圆角样式，如图5-63所示。

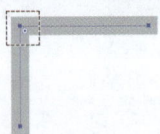 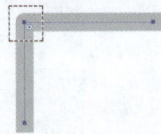

图5-62　　　　　　　图5-63

- 斜角连接 ![]：将边角设置为斜角样式，如图5-64所示。

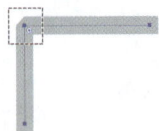

图5-64

- 对齐描边：设置（闭合）路径的描边样式，具体如下。
  - 使描边居中对齐 ![]：设置描边为居中对齐样式，如图5-65所示。
  - 使描边内侧对齐 ![]：设置描边为内侧对齐样式，如图5-66所示。

图5-65　　　　　　　图5-66

- 使描边外侧对齐 ![]：设置描边为外侧对齐样式，如图5-67所示。

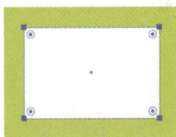

图5-67

- 虚线：选中此复选框可以设置描边的虚线样式，具体如下。
  - 虚线/间隙：在虚线和间隙上方的文本框内输入数值，可以设置虚线的长度和间隙

的长度，如图5-68所示。

图5-68

- 虚线样式 ![]：保持虚线和间隙的精确长度，如图5-69所示。

图5-69

- 虚线样式 ![]：使虚线与边角和路径终端对齐，并调整至适合的长度，如图5-70所示。
- 箭头：单击后面的小三角，可以在箭头列表中选择路径的箭头样式，如图5-71所示。

图5-70　　　　　　　图5-71

- 缩放：设置箭头样式的大小，数值越大，箭头越大。
- 对齐：设置箭头与路径端点的对齐样式。

6. 实时上色

实时上色工具组可以忽略对象之间的层级关系，可以快速对对象组进行填色操作。

（1）实时上色工具。选中对象组后，执行"对象>实时上色>建立"菜单命令，或在工具栏中选择"实时上色工具" ![]，然后在对象组上单击，即可创建实时上色对象组，如图5-72所示。

将鼠标指针移动到对象组内部，当鼠标指针样式转变为"油漆桶" ![] 形状，并且沿对象内侧出现突出显示时，如图5-73所示，单击鼠标即可设置该部分对象的填充色，如图5-74所示。

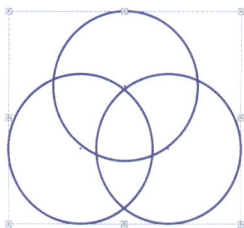

图5-72

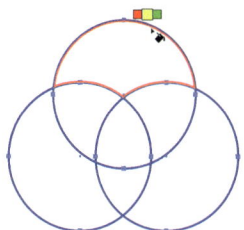

图5-73

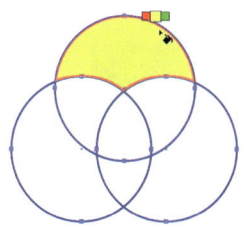

图5-74

将鼠标指针移动到对象组的描边上，当鼠标指针样式转换为"笔刷"形状，并且沿对象的描边出现突出显示时，如图5-75所示，单击鼠标即可设置该部分对象的描边颜色，如图5-76所示。

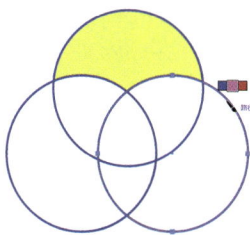

图5-75

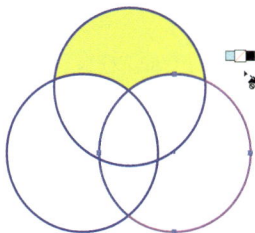

图5-76

在使用"实时上色工具"设置对象组的填充色或描边色时，可以采用以下操作。

（1）按住并拖曳鼠标到对象组的其他部分，即可连续设置对象的填充色或描边色。

（2）按键盘中的方向键可以选择需要使用的色样。

"实时上色工具"使用完毕后，可以使用以下操作。

（1）执行"对象>实时上色>释放"菜单命令，对象组将转换为默认填色和描边的原始对象，如图5-77所示。

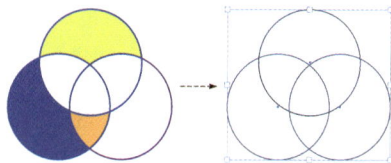

图5-77

（2）执行"对象>实时上色>扩展"菜单命令，对象组将转换为可编辑的编组对象，如图5-78所示。

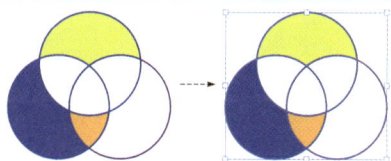

图5-78

（2）实时上色选择工具。"实时上色选择工具"用于在实时上色对象组内选择填充或描边对象，其使用方法与"选择工具"相似。

5.1.4 渐变色填充

除了可以对图形进行单色填充，还可以对图形进行渐变色填充，包括线性渐变填充、径向渐变填充和任意形状渐变填充。在"渐变"面板中可以设置渐变填充的参数。

1."渐变"面板

执行"窗口>渐变"菜单命令，或双击工具栏中的"渐变"按钮，打开"渐变"面板，如图5-79所示。

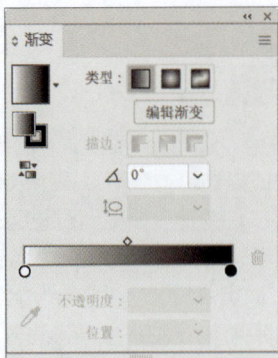

图5-79

"渐变"面板选项介绍

● 渐变：显示当前渐变色的样式。单击后面的小三角可以选择预设的渐变样式，如图5-80所示。

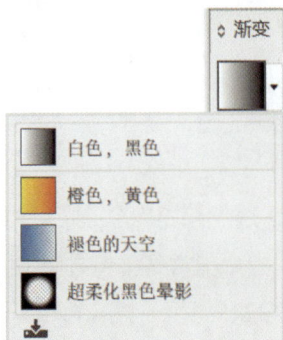

图5-80

● 填色/描边：切换填色和描边的渐变样式。
● 类型：设置渐变色类型，包括线性渐变、径向渐变和任意形状渐变三种类型。
● 描边：设置描边的渐变色类型。
● 角度：设置渐变色的方向。
● 长宽比：设置渐变色的长宽比例。
● 渐变滑块：设置渐变色的颜色，如图5-81所示。

图5-81

● 删除色标：删除在渐变滑块中被选中的色标。
● 不透明度：设置渐变色的不透明度。
● 位置：设置渐变滑块中的精确数值。

2. 线性渐变填充

线性渐变填充是一种直线型渐变填充效果，具体操作方法如下。

（1）创建线性渐变填充。选中对象，在"渐变"面板中单击"线性渐变"按钮▣，即可创建线性渐变填充效果，如图5-82所示。

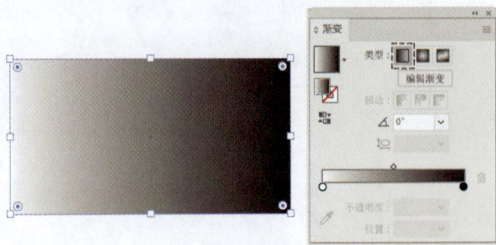

图5-82

（2）设置渐变颜色。双击其中一个渐变滑块，打开选色器，可以设置所需的渐变滑块颜色，如图5-83所示。

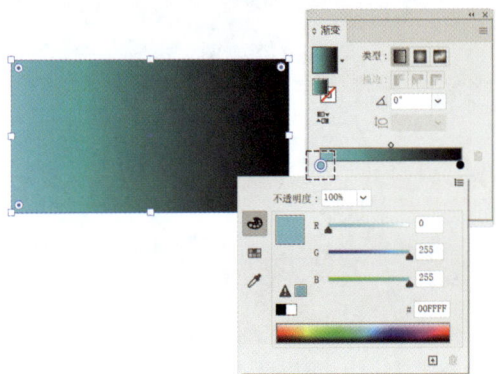

图5-83

（3）设置渐变滑块的位置。按住鼠标左键拖曳渐变滑块，即可调整其位置，如图5-84所示，渐变色的效果也会随之调整。

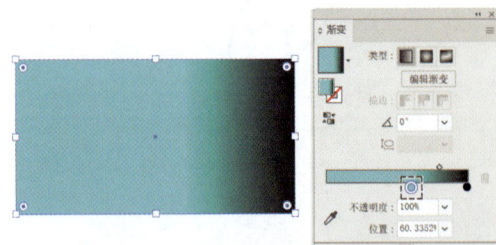

图5-84

（4）设置渐变填充的方向。在"角度"▱后面的文本框中输入数值，即可调整渐变填充的方向，如图5-85所示。

（5）创建多种颜色的渐变。将鼠标指针移动到渐变色条下方的空白位置上，当鼠标指针转换为"添加" ▷+ 样式时，单击鼠标即可添加新的渐变滑块，如图5-86所示。

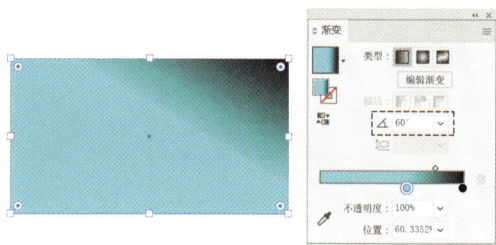

图5-85

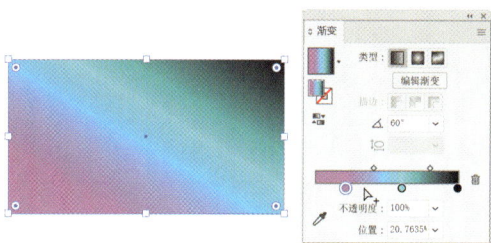

图5-86

💡 技巧与提示

在"渐变"面板中，单击"编辑渐变"按钮，进入"渐变"编辑模式，此时对象上将生成一条"渐变批注者"。通过设置"渐变批注者"上的滑块，也可以设置渐变效果，如图5-87所示。

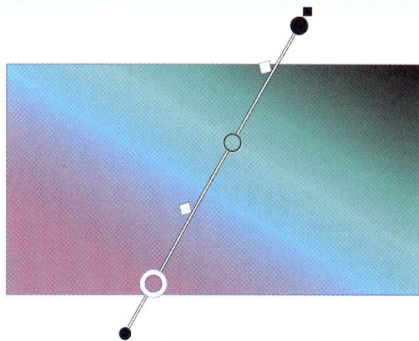

图5-87

3. 径向渐变填充

径向渐变是一种从内向外的渐变填充效果，如图5-88所示。径向渐变填充的操作方法与线性渐变填充的操作方法类似。

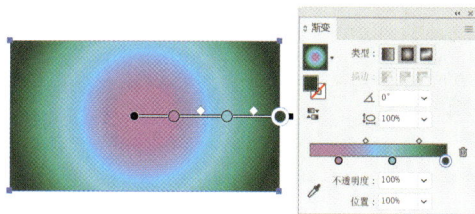

图5-88

4. 任意形状渐变填充

任意形状渐变是一种混合样式的渐变填充效果，包括"点模式"和"线模式"两种填充样式，具体操作方法如下。

（1）创建点模式渐变。选中对象，在"渐变"面板中单击"任意形状渐变"按钮 ▣，然后单击"点"，对象内部会自动创建若干个色标，如图5-89所示。

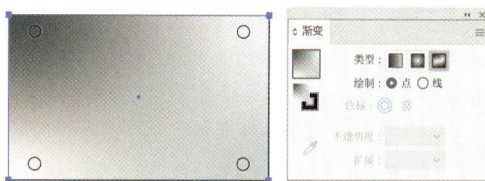

图5-89

通过设置色标的位置、颜色和外圈大小，可以调整渐变效果，如图5-90所示。

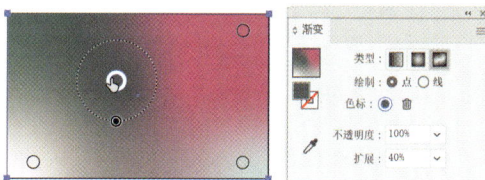

图5-90

💡 技巧与提示

拖曳色标可以调整其位置；双击色标可以设置色标的颜色；拖曳外圈的小黑点可以调整色标的延伸效果。

（2）创建线性渐变。选中对象后，在"渐变"面板中单击"任意形状渐变"按钮 ▣，然后单击"线"。接着，将鼠标指针移动到对象内部，通过单击鼠标创建渐变控制线，如图5-91所示。

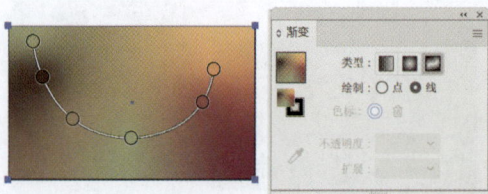

图5-91

> **技巧与提示**
>
> "线性模式"渐变效果的调整方法与"点模式"类似,也是通过调整颜色标记的位置和颜色来实现。

5.2 图案填充

图案填充是指使用矢量图形填充对象,用户也可以创建自定义的图案填充。

5.2.1 课堂案例:绘制网格文字

效果文件位置	实例文件>CH05>课堂案例>绘制网格文字.ai
素材文件位置	无
技术掌握	掌握图案填充的使用

课堂案例:绘制网格文字

本案例绘制的网格文字效果如图5-92所示。

图5-92

(1)使用"文字工具"在页面空白处输入"618"字样,设置字体为"方正大黑简体"、字体大小为200pt。然后在文字对象上单击鼠标右键,在弹出的菜单中选择"创建轮廓"命令,效果如图5-93所示。

(2)选中对象,执行"对象>路径>路径偏移"菜单命令,设置位移为3px,效果如图5-94所示。

图5-93

图5-94

(3)选中对象,取消编组。接着选中最外层的对象,使用"路径偏移"菜单命令,将位移设置为5px,效果如图5-95所示。

图5-95

(4)选中最外层的3个对象,在"路径查找器"面板中单击"联集"按钮,创建复合对象,然后将该对象置于底层,如图5-96所示。

图5-96

(5)使用相同的方法再绘制一个位移为5px的闭合路径,如图5-97所示。

图5-97

(6)选中最内层的"618"文字对象,使用"渐变工具"制作线性渐变效果。将渐变色的角度设置为0°,位置0的颜色设置为黄色(R:242,G:255,B:95)、位置100的颜色设置为浅绿色(R:176,G:255,B:0),如图5-98所示。

图5-98

(7)从内至外选中第二层对象,使用"渐

变工具"制作线性渐变效果，将渐变色的角度设置为0°，位置0的颜色设为蓝色（R:6，G:63，B:133）、位置100的颜色设为深蓝色（R:7，G:36，B:71），如图5-99所示。

图5-99

（8）从内至外选中第三层对象，使用"渐变工具"制作线性渐变效果，将渐变色的角度设置为0°，设置位置0的颜色设为浅蓝色（R:0，G:151，B:245）、位置100的颜色设为蓝色（R:0，G:120，B:202），如图5-100所示。

图5-100

（9）选中最外层对象，使用"渐变工具"制作线性渐变效果，设置渐变色的角度为0°，设置位置0的颜色为蓝色（R:6，G:63，B:133）、位置100的颜色为深蓝色（R:7，G:36，B:71），如图5-101所示。

图5-101

（10）在页面空白处使用"矩形工具"绘制一个宽490px、高210px的矩形，在"色板"面板中的"色板库"菜单中选择"图案>基本图形>基本图形_点"命令，在打开的面板中选择"0到50%点阶"色标，如图5-102所示。在"色板"面板中双击该色标，设置描边色为绿色（R:130，G:202，B:22），效果如图5-103所示。

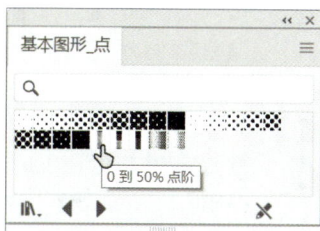
图5-102

图5-103

（11）选中填充的矩形，双击工具栏中的"移动"按钮。在打开的对话框中，选中"变换图案"复选框，如图5-104所示。然后适当缩放该对象，效果如图5-105所示。

图5-104

图5-105

（12）将"618"文字对象复制一个到矩形上，如图5-106所示。然后复制两个矩形，并将"618"文字对象分别与矩形建立剪切蒙版，效果如图5-107所示。

图5-106

图5-107

（13）将剪切蒙版对象移动到主对象上，最终效果如图5-108所示。

图5-108

5.2.2 使用图案填充

选中需要填充的对象后，在"色板"面板中单击所需的图案样式，如图5-109所示；或者单击"色板"面板中的"色板库菜单"按钮，在弹出的菜单中选择所需的预设图案样式，即可使用图案进行填充。

图5-109

5.2.3 创建自定义图案填充

使用任意工具绘制一个（编组）对象，然后将其拖曳至"色板"面板中，如图5-110所示。此时，"色板"面板中将添加该对象作为自定义图案，我们即可使用该图案来进行填充/描边操作。

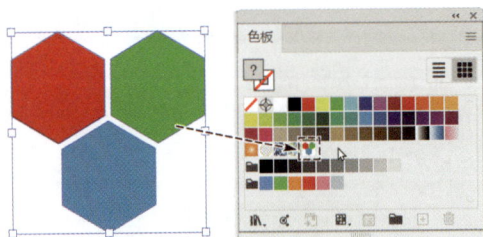

图5-110

5.2.4 编辑图案

在"色板"面板中双击任意图案样式以打开"图案选项"，如图5-111所示。通过调整"图案选项"中的参数来编辑图案，同时也可以在工作区内调整拼贴样式以编辑图案，如图5-112所示。

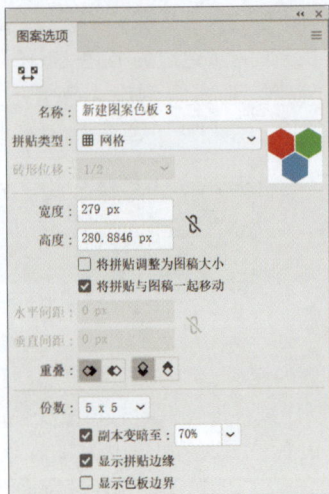

图5-111

图5-112

5.3 渐变网格填充

渐变网格类似于任意形状渐变，是指通过颜色的平滑过渡的方式来填充对象，从而产生丰富的色彩效果。

5.3.1 课堂案例：绘制红包袋

效果文件位置	实例文件>CH05>课堂案例>绘制红包袋.ai
素材文件位置	无
技术掌握	掌握网格工具的使用

课堂案例：绘制红包袋

本案例中绘制的红包袋效果如图5-113所示。

图5-113

（1）使用"矩形工具"绘制一个宽190px、高265px的矩形，并将底部两个角的圆角半径设置为10px，如图5-114所示。接着，绘制一个宽190px、高80px的矩形，将底部两个角的圆角半径设置为最大值，并使其与刚才绘制的矩形顶部居中对齐，从而制作成红包的折边对象，如图5-115所示。

 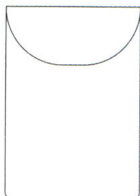

图5-114　　　　　　　图5-115

（2）使用"椭圆工具"绘制一个直径为60px的圆形，将其与圆角矩形居中对齐，如图5-116所示。

（3）复制顶部的折边对象，并适当增加宽度，如图5-117所示。

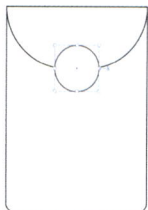 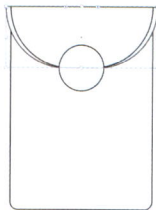

图5-116　　　　　　　图5-117

（4）将最底层的矩形复制一个，然后选中刚才的折边对象，在"路径查找器"中单击"交集"按钮，效果如图5-118所示。

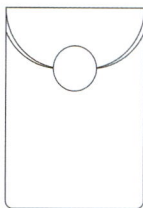

图5-118

（5）选中底层的矩形，设置填充色为红色（R:255，G:39，B:64），如图5-119所示。

（6）使用"网格工具"添加网格线，如图5-120所示。然后分别选中图5-121所示的网格点，设置网格点的颜色为深红色（R:240，G:0，B:6），效果如图5-122所示。

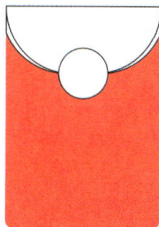 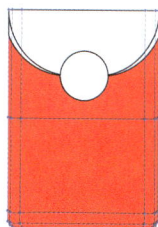

图5-119　　　　　　　图5-120

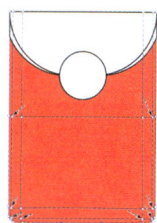 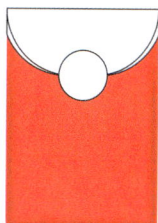

图5-121　　　　　　　图5-122

（7）选中步骤3绘制的对象，设置填充色为深红色（R:200，G:0，B:0），如图5-123所示。

（8）选中顶部的折边对象，设置填充色为红色（R:255，G:39，B:64），如图5-124所示。

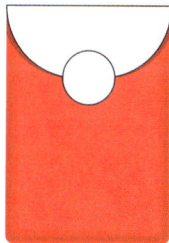 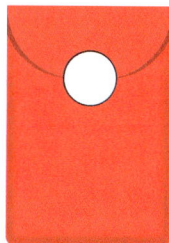

图5-123　　　　　　　图5-124

（9）使用"网格工具"添加网格线，如图5-125所示。然后分别选中如图5-126所示的网格点，设置网格点的颜色为深红色（R:240，G:0，B:6），效果如图5-127所示。

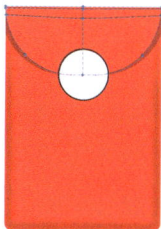

图5-125

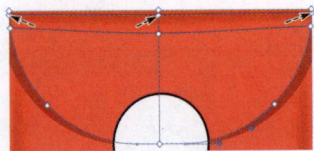
图5-126

图5-127

图5-132

（10）使用"椭圆工具"绘制一个直径为50px的圆形，与先前绘制的圆形中心对齐，如图5-128所示。然后将大圆形复制一个，并将其向下方适当移动一定的距离，如图5-129所示。

图5-128

图5-129

（11）选中大圆形，使用"渐变工具"制作径向渐变效果，设置位置0的颜色为浅黄色（R:255，G:220，B:180）、位置100的颜色为黄色（R:255，G:171，B:86）。然后选中圆形的阴影对象，设置填充色为深红色（R:200，G:0，B:0），效果如图5-130所示。

（12）选中小圆形，设置描边色为深红色（R:200，G:0，B:0），效果如图5-131所示。

图5-130

图5-131

（13）使用"文字工具"输入"开"字样，设置字体为"方正粗黑宋简体"、字体大小为35pt、填充色为红色（R:255，G:39，B:64）。然后将该文字对象与圆形中心对齐，最终效果如图5-132所示。

5.3.2 创建渐变网格

创建渐变网格有两种方法。

1. 使用网格工具创建渐变网格

选中对象，单击"工具栏"中的"渐变网格"按钮，然后在对象上单击鼠标，即可创建渐变网格，如图5-133所示。多次单击鼠标可以创建多条网格线，如图5-134所示。

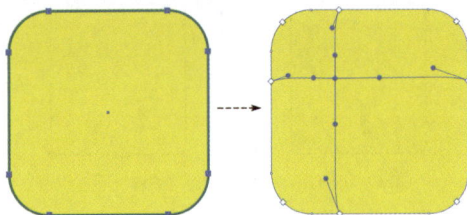
图5-133

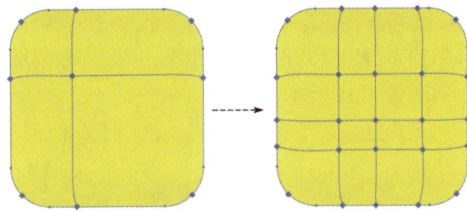
图5-134

使用"网格工具"时，在"色板"面板中设置颜色后，在对象的其他位置单击鼠标，将该颜色直接添加到网格中，如图5-135所示。

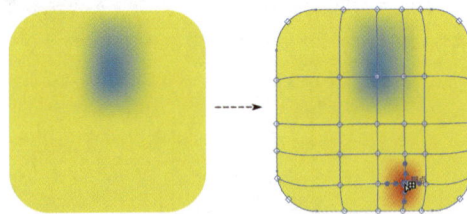
图5-135

2. 使用菜单命令创建渐变网格

选中对象，执行"对象>创建渐变网格"菜

单命令，打开"创建渐变网格"对话框。设置网格的行数、列数等参数后，单击"确定"按钮，即可创建渐变网格，如图5-136所示。

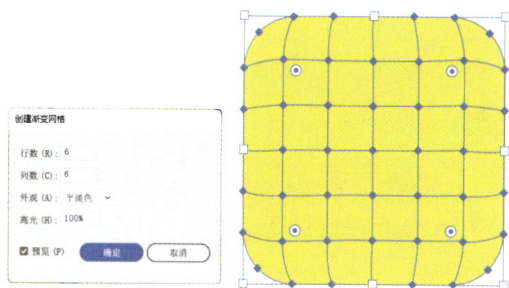

图5-136

创建渐变网格选项介绍

- 行数：设置水平方向网格线的数量。
- 列数：设置垂直方向网格线的数量。
- 外观：包括"平淡色"、"至中心"和"至边缘"3个选项，具体效果如图5-137所示。

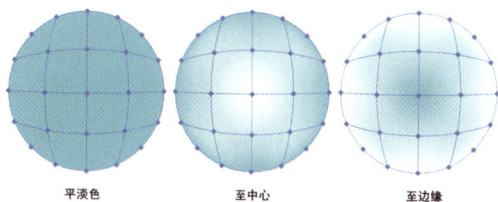

平淡色　　　　至中心　　　　至边缘

图5-137

- 高光：设置"至中心"和"至边缘"中的高光亮度比例，数值越大，高光效果越明显。

5.3.3 编辑渐变网格

编辑渐变网格包括编辑网格点颜色、编辑网格点和网格线。

1. 编辑网格点颜色

使用"直接选择工具"或"网格工具"选中一个或多个网格点，可以设置这些网格点的颜色，如图5-138所示。

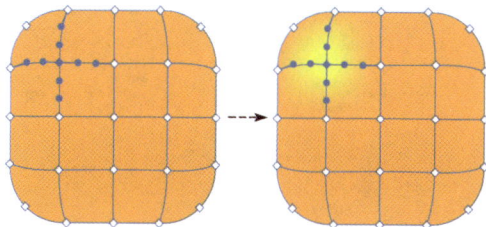

图5-138

技巧与提示

设置网格点颜色可以参考"颜色填充"章节中的"颜色"面板、"色板"面板、工具栏以及"吸管工具"的操作方法。

2. 编辑网格点和网格线

使用"网格工具"在已有的网格线上单击鼠标可以添加一条与其交叉的网格线，如图5-139所示。

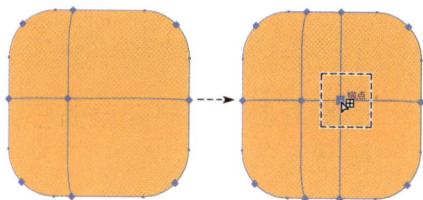

图5-139

使用"直接选择工具"或"网格工具"选中一个或多个网格点后，按Delete键可以删除网格点或网格线，如图5-140所示。

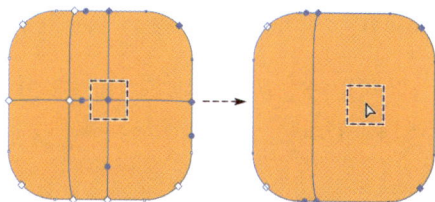

图5-140

技巧与提示

在使用"网格工具"时按住Alt键，直接单击网格点就可以删除网格点或网格线。

使用"直接选择工具"或"网格工具"选中单个网格点后，可以通过拖曳该网格点或者调整控制手柄来修改网格点或网格线的位置，如图5-141所示。

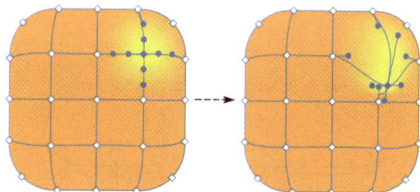

图5-141

5.4 透明度填充

"透明度"用于调整对象的透明效果，主要包括设置对象的透明度和创建不透明蒙版。

5.4.1 课堂案例：绘制元旦疯狂大促标签

效果文件位置	实例文件>CH05>课堂案例>绘制元旦疯狂大促标签.ai
素材文件位置	素材文件>CH05>02.png
技术掌握	透明度的使用

课堂案例：绘制元旦疯狂大促标签

本案例中绘制的元旦疯狂大促标签效果如图5-142所示。

图5-142

（1）使用"矩形工具"绘制一个宽400px、高100px的圆角矩形，如图5-143所示。然后使用"路径偏移"命令绘制一个位移为-7px的圆角矩形，如图5-144所示。

图5-143

图5-144

（2）将大圆角矩形的填充色设置为黄色（R:247，G:188，B:74）。然后选中小圆角矩形，使用"渐变工具"制作径向渐变效果，设置渐变色角度为-90°，设置位置0的颜色为红色（R:252，G:102，B:84）、位置100的颜色为深红色（R:248，G:73，B:93）。效果如图5-145所示。

图5-145

（3）选中红色的圆角矩形，使用"路径偏移"命令绘制一个位移为3px的圆角矩形。接着使用"画笔"在面板中创建"散点画笔"，并用它绘制一圈光点，如图5-146所示。

图5-146

（4）执行"对象>风格化>外发光"菜单命令，在"外发光"对话框中设置外发光参数，如图5-147所示，效果如图5-148所示。

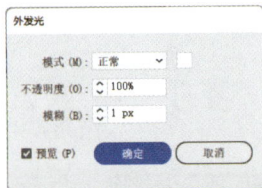

图5-147

图5-148

（5）使用"文字工具"输入"元旦疯狂大促"字样，设置字体为"方正兰亭粗黑简体"、字体大小为43pt、填充色为白色，如图5-149所示。

图5-149

（6）选中文字对象，单击鼠标右键，在弹出的菜单中选择"创建轮廓"命令，再次单击鼠标右键，在弹出的菜单中选择"取消编组"命令，将文字对象拆分为单个闭合路径，如图5-150所示。

图5-150

（7）使用"矩形工具"绘制6个宽45px、高41px的矩形，然后使用"渐变工具"绘制径向渐变效果。设置位置0的颜色为黑色（R:0，G:0，B:0）、位置40的颜色为白色（R:255，G:255，B:255），如图5-151所示。接下来，将这6个矩形分别与6个闭合路径创建不透明蒙版，效果如图5-152所示。

图5-151

图5-152

（8）使用"矩形工具"绘制一个宽261px、高18px的圆角矩形，设置描边色为黄色（R:248，G:182，B:45）；接着使用"文字工具"输入"抢1元抵100元 大额优惠券满场送不停"字样，设置字体为"方正兰亭黑"、字体大小为12pt、填充色设置为黄色（R:248，G:182，B:45），如图5-153所示。

图5-153

（9）使用"椭圆工具"绘制一个直径为61px的圆形，设置填充色为淡黄色（R:253，G:228，B:128），如图5-154所示。

图5-154

（10）将绘制的圆形复制一个到下一层，并

将其向右下角移动适当的距离，设置其填充色为深红色（R:248，G:72，B:93），如图5-155所示。

图5-155

（11）使用"文字工具"输入"GO"字样，设置字体为"方正兰亭特黑"、字体大小为28pt、填充色为深红色（R:248，G:72，B:93），如图5-156所示。

图5-156

（12）导入"素材文件>CH05>02.png"文件，适当缩放其大小，并将其置于黄色圆角矩形的上层，最终效果如图5-157所示。

图5-157

5.4.2　"透明度"面板

执行"窗口>透明度"菜单命令，打开"透明度"面板，如图5-158所示。

"透明度"面板选项介绍

● 混合模式：在下拉菜单中可以设置多个对象之间的颜色混合模式，包括有16种预设混合模式，如图5-159所示。

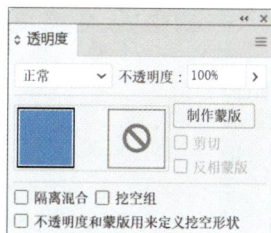
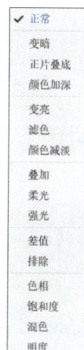
图5-158　　　　图5-159

● 正常混合模式效果如图5-160所示。

正常

图5-160

◆ 变暗混合模式组效果如图5-161所示。

变暗　　　　　　　正片叠底

颜色加深

图5-161

◆ 变亮混合模式组的效果如图5-162所示。

变亮　　　　　　　滤色

颜色减淡

图5-162

◆ 叠加混合模式组的效果如图5-163所示。

叠加　　　　　　　柔光

强光

图5-163

◆ 差值混合模式组效果如图5-164所示。

差值　　　　　　　排除

图5-164

◆ 颜色属性混合模式组效果如图5-165所示。

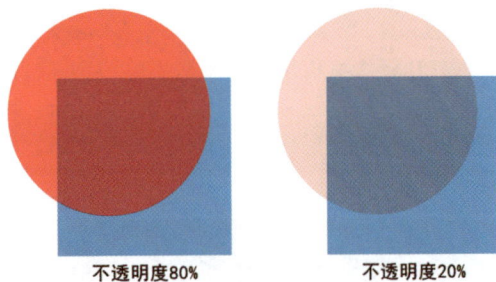

色相　　　　　　　饱和度

混色　　　　　　　明度

图5-165

◆ 不透明度：在后面的文本框中设置对象的不透明程度。数值越小，对象越透明，如图5-166所示。

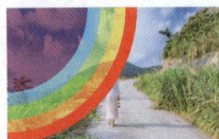

不透明度80%　　　　　　不透明度20%

图5-166

● 制作蒙版：创建多个对象之间的不透明蒙版，设置更丰富的不透明效果。

5.4.3　不透明蒙板

不透明蒙版可以使底层的对象变得可见。这些对象（蒙版和图稿）可以是矢量图形或位图。

1. 创建不透明蒙版

选中两个对象，单击"透明度"面板中的"制作蒙版"按钮，即可创建不透明蒙版，如图5-167所示。

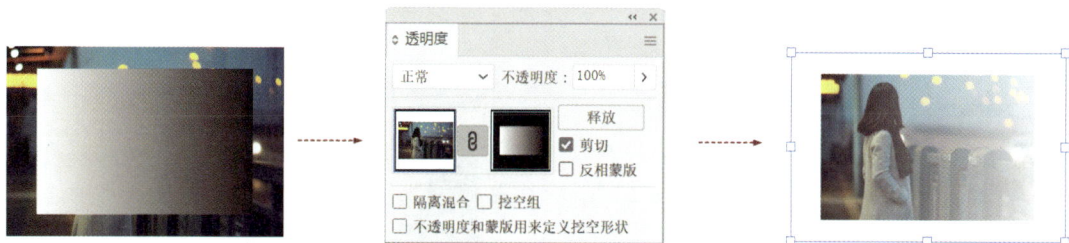

图5-167

在创建不透明蒙版时，上层蒙版的灰度值越深，下层图稿的不透明度越小；上层蒙版的灰度值越浅，下层图稿的不透明度越大，如图5-168所示。

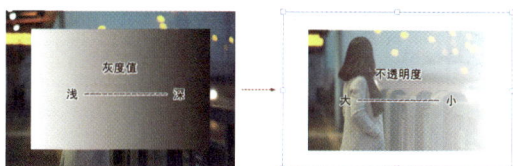

图5-168

2. 链接

在默认情况下，不透明蒙版和图稿之间处于链接状态，即锁定不透明蒙版的相对位置和大小。当调整蒙版的大小和位置时，图稿也随之调整，如图5-169所示。

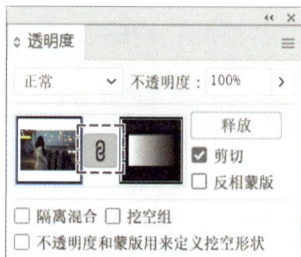

图5-169

3. 剪切

在默认情况下，"剪切"复选框为选中状态，即蒙版区域之外的不透明度为0%，如图5-170所示。取消选中该复选框，则蒙版区域外的不透明度为100%，如图5-171所示。

图5-170

图5-171

4. 相反蒙版

选中"相反蒙版"复选框后，程序将通过反向计算蒙版的灰度值来设置图稿的不透明效果，如图5-172所示。

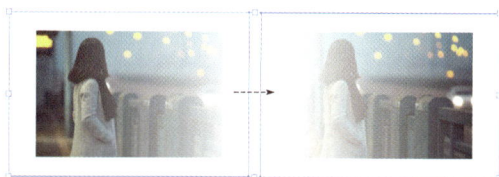

图5-172

5. 隔离混合

隔离混合是指仅将混合效果作用于编组内，如图5-173所示。位图被置于顶层，混合模式为"排除"；位图与红色矩形为编组对象，蓝色矩形置于最底层。在默认情况下，编组内位图的"排除"混合效果可以作用于编组之外的蓝色矩形。

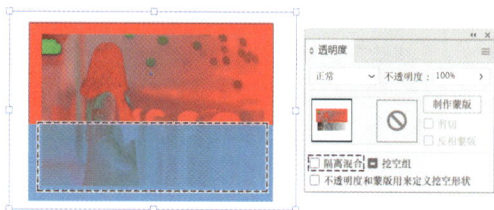

图5-173

在选中"混合隔离"复选框后，位图的"排除"混合效果将被移除，不再作用于编组之外的蓝色矩形上，如图5-174所示。

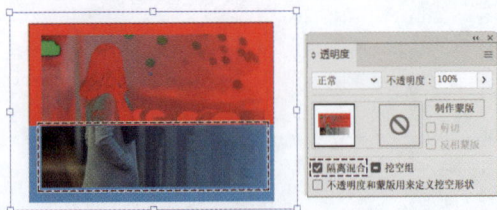

图5-174

6. 挖空组

挖空组是指在编组对象中，挖空重叠部分的混合效果，如图5-175所示。在编组对象中，上层对象的混合模式为"正片叠底"；当选中"挖空组"复选框后，编组内两个对象交叉区域的混合效果被挖空，如图5-176所示。

图5-175

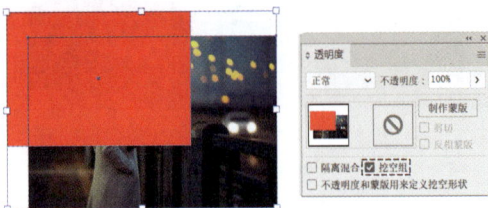

图5-176

💡 技巧与提示

在选中"挖空组"复选框后，编组之外的混合效果仍然有效。

7. 使用不透明度和蒙版定义挖空形状

使用不透明度和蒙版定义挖空形状是指通过调整组合对象内上层对象的不透明度和蒙版来重新定义被挖空的组合对象的挖空效果。具体操作方法如下。

如图5-177所示，视图中的圆形和位图为挖空组对象。双击该挖空组以进入隔离模式，然后选中圆形。在"透明度"面板中，依次调整"不透明度"数值，并选中"不透明度和蒙版用来定义挖空形状"复选框。这样，挖空组中的位图将

被调整为混合效果（半透明），如图5-178所示。

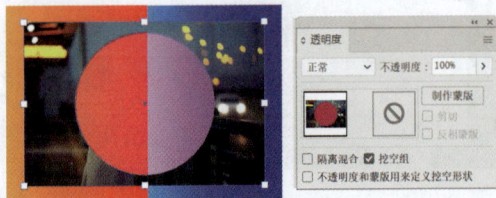

图5-177

图5-178

5.5 课后习题

请运用所学知识进行课后练习。通过"绘制粮油特惠标签"和"绘制水晶按钮"这两个案例，巩固色彩填充的方法和技巧。

5.5.1 绘制粮油特惠标签

效果文件位置	实例文件>CH05>课后习题>绘制粮油特惠标签.ai	
素材文件位置	素材文件>CH05>课后习题> 01.png	课后习题：绘制粮油特惠标签
技术掌握	掌握渐变工具的使用	

习题要求：绘制一张网店中常用的粮油特惠标签，效果如图5-179所示。

图5-179

参考步骤

（1）使用"矩形工具"绘制一个圆角矩形，

然后使用"路径偏移"菜单命令偏移圆角矩形，如图5-180所示。再使用"渐变工具"制作径向渐变效果，如图5-181所示。

图5-180

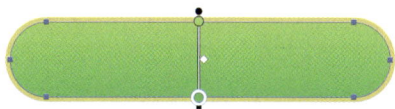

图5-181

（2）使用"矩形工具"和"渐变工具"绘制底座，如图5-182所示。接着，导入素材文件，并使用"文字工具"输入文字对象，如图5-183所示。

图5-182

图5-183

（3）使用"矩形工具"和"渐变工具"绘制中间的按钮，如图5-184所示。

图5-184

（4）使用"椭圆工具"和"渐变工具"绘制右侧的按钮，最终效果如图5-185所示。

图5-185

5.5.2　课后习题：绘制水晶按钮

效果文件位置	实例文件>CH05>课后习题>绘制水晶按钮.ai	
素材文件位置	无	
技术掌握	掌握网格工具的使用	课后习题：绘制水晶按钮

习题要求：绘制一个水晶按钮，效果如图5-186所示。

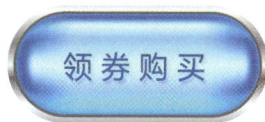

图5-186

参考步骤

（1）使用"矩形工具"和"路径偏移"命令绘制两个圆角矩形，如图5-187所示。接着，使用"渐变工具"为底层对象制作线性渐变效果，如图5-188所示。

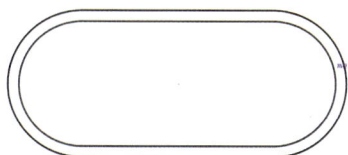

图5-187

图5-188

（2）使用"创建渐变网格"命令创建"至中心"渐变网格效果，如图5-189所示。根据图5-190所示的效果，将网格点的填充色设置为深蓝色。然后使用"网格工具"添加网格线，参考图5-191所示的效果，将网格点的填充色设置为淡蓝色。

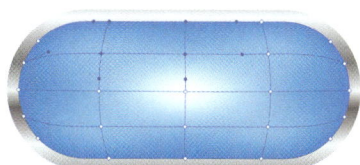

图5-189

图5-190

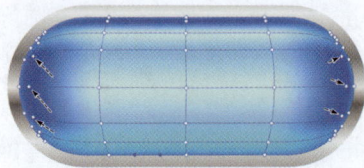

图5-191

（3）参照图5-192所示的效果，设置网格点的颜色为淡蓝色；接着使用"网格工具"添加网格线，参照图5-193所示的效果，设置网格点的填充色为淡蓝色。然后，继续使用"网格工具"添加网格线，参照图5-194所示的效果，将网格点的填充色设置为深蓝色。

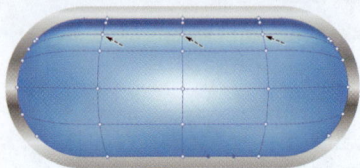

图5-192

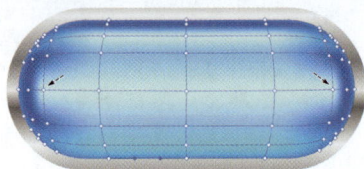

图5-193

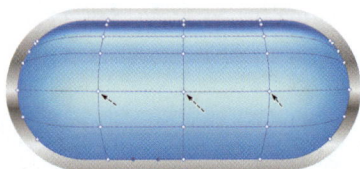

图5-194

（4）使用"网格工具"添加网格线，参照图5-195所示的效果，将网格点的填充色设置为淡蓝色。接着，设置渐变网格对象的描边，如图5-196所示。然后，使用"文字工具"和"投影"效果制作文字对象，最终效果如图5-197所示。

图5-195

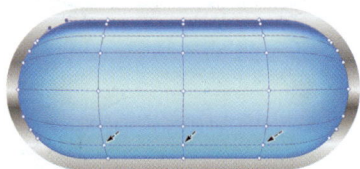

图5-196

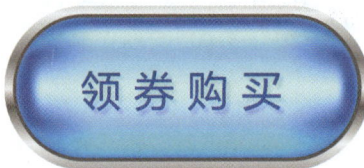

领券购买

图5-197

第6章 编辑文字

本章主要介绍如何创建和编辑文字对象，包括创建点状文字和区域文字，以及如何对文字对象进行编辑。通过学习本章内容，我们应掌握文字的各种排版效果。

学习重点

- 创建文字
- "字符"面板
- "段落"面板
- 文本绕排
- 文字编辑

6.1 创建文字

通过前面几章的学习，我们已经初步了解了如何创建文字对象，下面，我们将对创建文字对象进行详细的介绍。

工具名称	工具图标	工具作用	重要程度
文字工具	T	创建水平排列的点状文字和区域文字	高
直排文字工具	IT	创建垂直排列的点状文字和区域文字	中
区域文字工具	T	创建水平排列的区域文字	高
直排区域文字工具	T	创建垂直直排的区域文字	中
路径文字工具	✓	创建沿路径水平排列的文字	高
直排路径文字工具	✓	创建沿路径垂直排列的文字	中
修饰文字工具	T	修饰文字对象中的字符	高
"字符"面板	无	设置文字对象中的字符属性	高
"段落"面板	无	设置文字对象中的段落属性	高

6.1.1 课堂案例：绘制节日促销标签

效果文件位置	实例文件>CH06>课堂案例>绘制节日促销标签.ai
素材文件位置	素材文件>CH06>课堂案例> 01.png
技术掌握	掌握文字工具的使用

课堂案例：绘制节日促销标签

本案例中绘制的节日促销标签效果如图6-1所示。

图6-1

（1）使用"矩形工具"和"路径偏移"命令绘制主框架，如图6-2所示。然后对图形进行线性渐变填充，如图6-3所示。

图6-2

图6-3

（2）使用"椭圆工具"创建两个圆形，然后通过"透明度"面板创建两个不透明蒙版，如图6-4所示。

图6-4

（3）复制一次主框架的轮廓图，然后将复制的主框架轮廓图与两个圆形对象创建为剪切蒙版，效果如图6-5所示。

图6-5

（4）创建一个白色圆形的散点画笔样式。在"画笔"面板的快捷菜单中选择"画笔选项"命令，如图6-6所示，打开"散点画笔选项"对话框，设置画笔的间距，如图6-7所示。

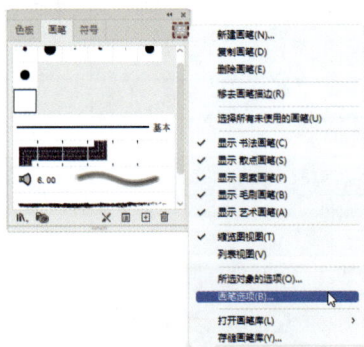

图6-6

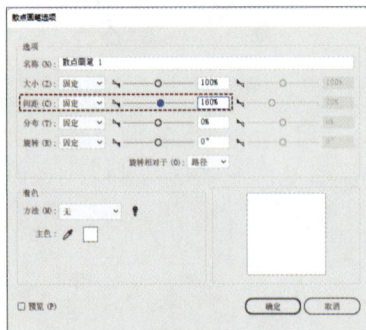

图6-7

（5）选择"画笔"工具，使用散点画笔样式绘制一圈光点，如图6-8所示。

图6-8

（6）使用"文字工具"创建文字对象，如图6-9所示。接着，在"字符"面板中设置字体，并适当调整文字的大小，如图6-10所示。

图6-9

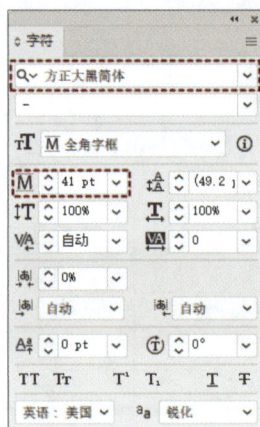

图6-10

（7）执行"效果>风格化>投影"菜单命令，打开"投影"对话框，设置投影参数，如图6-11所示，为文字对象创建投影效果，如图6-12所示。

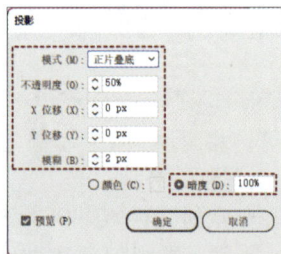

图6-11

图6-12

（8）使用"圆角矩形工具"在文字下方绘制一个圆角矩形，如图6-13所示。设置圆角矩形的填充颜色和描边颜色，并为其添加投影效果，如图6-14所示。

图6-13

图6-14

（9）使用"文字工具"在圆角矩形中创建文字对象，如图6-15所示。然后在"字符"面板中设置文字的字体，并适当调整文字的大小，如图6-16所示。

图6-15

图6-16

（10）将文字"29.9"和"满50"的颜色修改为黄色，如图6-17所示。

图6-17

（11）使用"椭圆工具"和"多边形工具"在文字右方绘制一个按钮，如图6-18所示。

图6-18

（12）导入素材文件，将素材放置在底层，完成本例的制作。最终效果如图6-19所示。

图6-19

6.1.2　文字工具

文字工具用于创建各种文字对象，包括文字工具、直排文字工具、区域文字工具、直排区域文字工具、路径文字工具和直排路径文字工具等。

1. 文字工具和直排文字工具

"文字工具" T 用于创建水平排列的文字对象；"直排文字工具" IT 用于创建垂直排列的文字对象。

（1）创建点状文字。在工具栏中选择"文字工具" T 或"直排文字工具" IT ，接着在页面空白处单击鼠标，然后输入文字内容即可创建点状文字。图6-20和图6-21分别展示了"文字工具"和"直排文字工具"创建的点状文字效果。

图6-20

图6-21

（2）创建区域文字。在工具栏中选择"文字工具" T 或"直排文字工具" IT，接着在页面空白处按住鼠标左键拖曳出一个矩形文本框，如图6-22所示，然后在该文本框中输入文字内容，即可创建区域文字，如图6-23所示。区域文字会根据文本框的形状自动换行，因此，该方法适合编辑字数较多的段落文字内容。

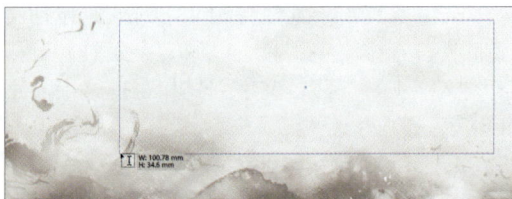

图6-22

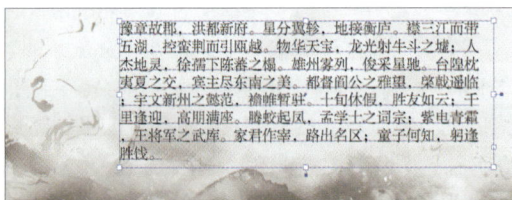

图6-23

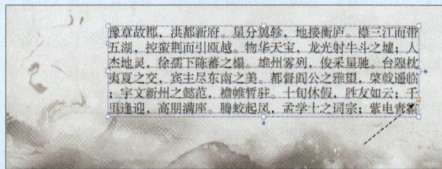

图6-24

图6-25

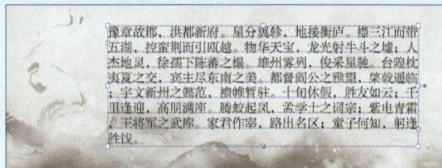

图6-26

（2）双击文本框右侧的实心小圆点，可以在"点状文字"和"区域文字"之间进行转换，如图6-27所示。

图6-27

2. 区域文字工具和直排区域文字工具

"区域文字工具" T 用于创建水平排列的区域文字对象；"直排区域文字工具" IT 用于创建垂直排列的区域文字对象，具体操作方法如下。

在工具栏中选择"区域文字工具" T 或"直排区域文字工具" IT，然后单击非复合、非蒙版路径的边缘，如图6-28所示。此时，该路径即转换为区域文字文本框。然后在该文本框中输入文字内容即可创建区域文字，如图6-29所示。

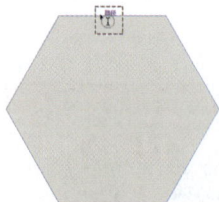

图6-28

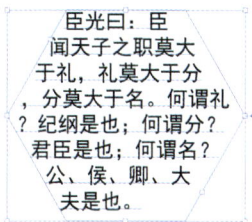

图6-29

图6-32

技巧与提示

创建区域文字的形状可以是闭合路径也可以是开放路径。

3. 路径文字工具和直排路径文字工具

"路径文字工具" 用于创建沿路径水平排列的文字对象；"直排路径文字工具" 用于创建沿路径垂直排列的文字对象。

（1）创建路径文字。在工具栏中选择"路径文字工具" 或"直排路径文字工具" ，然后在路径边缘上单击鼠标，如图6-30所示。接着，在路径上输入文字内容，即可创建路径文字，如图6-31所示。

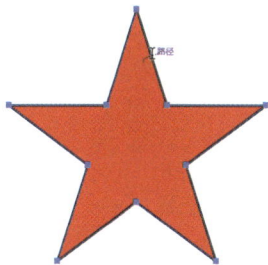

图6-30

图6-31

执行"文字>路径文字>路径文字选项"菜单命令打开"路径文字选项"窗口进行路径文字设置，如图6-32所示。

路径文字选项介绍

● 效果：设置文字沿路径的排列效果，包括"彩虹效果"、"倾斜"、"3D带状效果"、"阶梯效果"和"重力效果"五种效果，如图6-33所示。

图6-33

● 对齐路径：设置文字沿路径的对齐方式，包括"字母上缘"、"字母下缘"、"居中"和"基线"四种方式，如图6-34所示。

图6-34

● 间距：设置路径文字字符之间的间距。

● 翻转：选中此复选框，路径文字将以路径为轴线进行翻转。

（2）编辑路径文字。

◆ 移动路径文字内容：在创建好的路径文字上

会出现起点标记、中线标记和终点标记，如图6-35所示。当鼠标指针移动到中线标记上时，指针会变为样式。此时，按住鼠标左键并沿路径方向移动，如图6-36所示，即可移动路径上的文字内容，如图6-37所示。

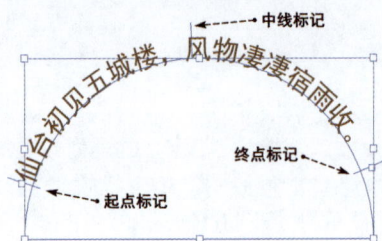

图6-35

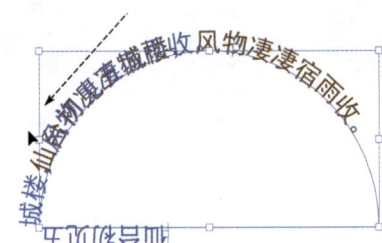

图6-36

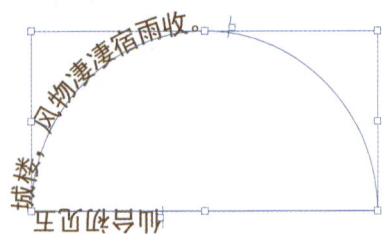

图6-37

◆ 调整路径文字的位置：将鼠标指针移动到起点标记或终点标记上时，指针会变为样式或样式。然后按住鼠标左键并沿路径方向进行移动，即可调整文字的起点或终点位置。

◆ 翻转路径文字：将鼠标指针移动到中线标记上时会转换为样式，然后按住鼠标左键向路径的另一侧进行拖曳即可将文字进行翻转，如图6-38所示，效果如图6-39所示。

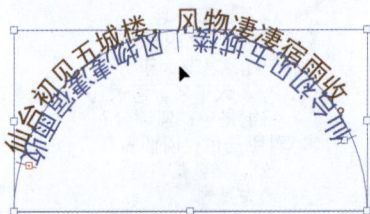

图6-38

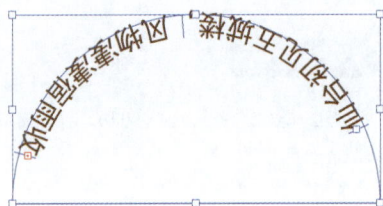

图6-39

6.1.3 "字符"面板

"字符"面板用于设置文字对象的大小、行距、基线等属性。通过执行"窗口 > 文字 > 字符"菜单命令可以打开"字符"面板，如图6-40所示。在该面板的快捷菜单中选择"显示选项"命令，如图6-41所示，可以显示更多的选项，如图6-42所示。

图6-40

图6-41

图6-42

"字符"面板选项介绍

● 设置字体（系列）：选中文字对象之后，单击该下拉列表可以选择所需的字体（系列），如图6-43所示。

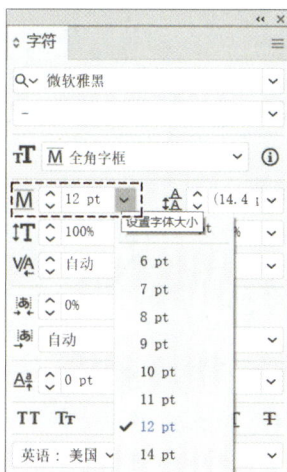

图6-43

● 设置字体样式：选择某些字体（系列）后，可以在下拉列表中选择该字体的其他样式。如果该字体没有样式可选，该下拉列表将显示为"–"。

● 设置字体高度参考 T̄T̄：单击该下拉列表，可以选择字体高度参考的规则，包括"M 全角字框"、"C 大写字母高度"、"X x字高"和"Z 表意字框"四种规则。在中文状态下，默认选择"全角字框"。

● 设置字体大小 M：字体大小的单位为pt（点），可以单击该下拉列表选择字体的大小，也可以直接在文本框内输入所需的字体大小数值，如图6-44所示，效果如图6-45所示。

图6-44

12pt 陈康肃公尧咨善射
14pt 陈康肃公尧咨善射
18pt 陈康肃公尧咨善射

图6-45

技巧与提示

在"字符"面板的快捷菜单中取消"显示字体高度选项"时，"设置字体高度参考"选项将被隐藏，字体设置的选项图标变为 T̄T̄，如图6-46所示。

图6-46

● 设置行距 ‡A：行距是指每段文字基线之间的距离，默认情况下行距为字体大小的1.2倍。可以通过单击该下拉列表设置行距的大小，也可以直接在文本框内输入所需的行距数值，如图6-47所示，效果如图6-48所示。

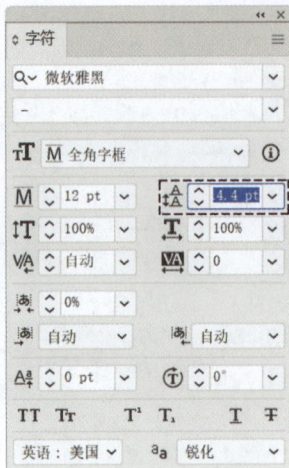

图6-47

14pt

18pt

图6-48

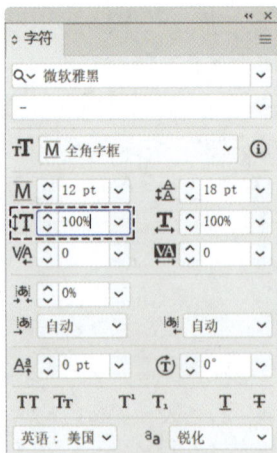

技巧与提示

在设置行间距时，按Alt+↑组合键减少行间距；按Alt+↓组合键增加行间距。

• 垂直缩放 ↕T：可以通过单击该下拉列表来设置字符的垂直高度比例，也可以直接在文本框内输入比例数值，如图6-49所示，效果如图6-50所示。

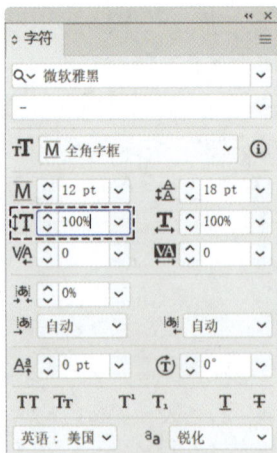

图6-49

100% 十旬休假 胜友如云

50% 十旬休假 胜友如云

图6-50

• 水平缩放 T：单击该下拉列表可以设置字符的水平宽度比例，也可以直接在文本框内输入比例数值，如图6-51所示，效果如图6-52所示。

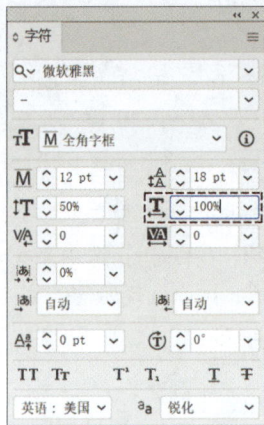

图6-51

100% 十旬休假 胜友如云

50% 十旬休假 胜友如云

图6-52

• 两个字符间的字距微调 VA：用于设置鼠标指针两侧字符之间的间距。首先，将鼠标指针定位于两个字符之间，然后可以单击该下拉列表来设置两个字符之间的距离，也可以直接在文本框内输入距离的数值大小。如图6-53所示，效果如图6-54所示。

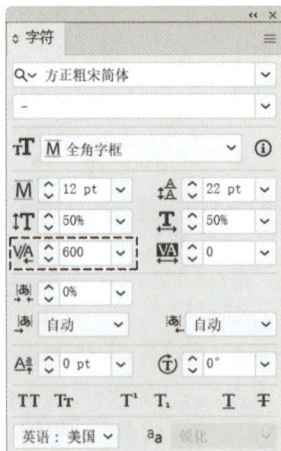

图6-53

爽籁发而清风生

爽籁发←→而清风生

图6-54

• 所选字符间的字距微调 ：选中文字对象，然后可以单击该下拉列表设置该文字对象的字符间距，也可以直接在文本框内输入距离的数值大小，如图6-55所示，效果如图6-56所示。

图6-55

爽籁发而清风生

爽 籁 发 而 清 风 生

图6-56

技巧与提示

在设置字符间距时，按Alt+←组合键减少字符间距；按Alt+→组合键增加字符间距。

• 比例间距 ：设置字符所占空间的水平间距的比例大小。选中字符后，单击该下拉列表可以设置该字符的水平间距比例大小，如图6-57所示。该数值越大，字符所占空间越小；反之，字符所占空间越大，效果如图6-58所示。

图6-57

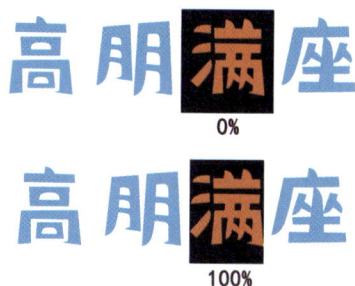

0%

100%

图6-58

• 插入空格左 /右 ：在选中字符的左侧或右侧插入空格，用于增加字符的水平间距。选中字符后，单击该下拉列表可以设置一个所需的空格样式，如图6-59所示，效果如图6-60所示。

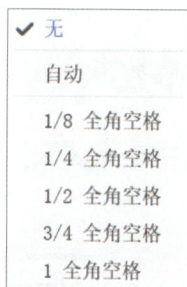

图6-59

0空格　青云之志
1/8全角空格　青云之 志
1/4全角空格　青云之 志
1/2全角空格　青云之 志
3/4全角空格　青云之 志
1全角空格　青云之　志

图6-60

• 设置基线偏移 A♯：文字基线是用于对齐字符的基准线，位于文字的底部，如图6-61所示。"设置基线偏移"功能用于调整字符基线的垂直距离。选中需要调整的字符，然后单击该下拉列表，或者直接在文本框内输入数值来调整基线偏移的距离，如图6-62所示。当输入的偏移值为负数时，字符向下移动，如图6-63所示；当输入的偏移值为正数时，字符向上移动，如图6-64所示。

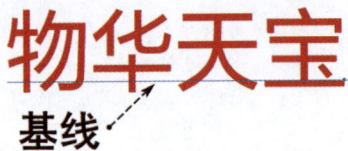

图6-61

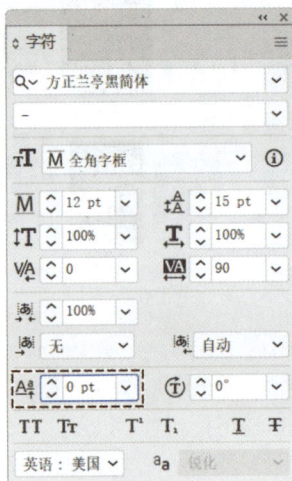

图6-62

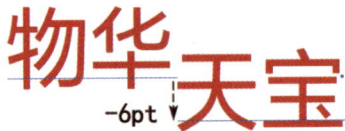

图6-63

图6-64

技巧与提示

在设置基线偏移时，按Shift+Alt+↑组合键可以向上偏移基线；按Shift+Alt+↓组合键可以向下偏移基线。

• 字符旋转 ⓣ：用于设置字符围绕字符中心旋转的角度。首先选中需要旋转的字符，然后单击该下拉列表，或者直接在文本框内输入数值来设置字符旋转的角度，如图6-65所示，效果如图6-66所示。

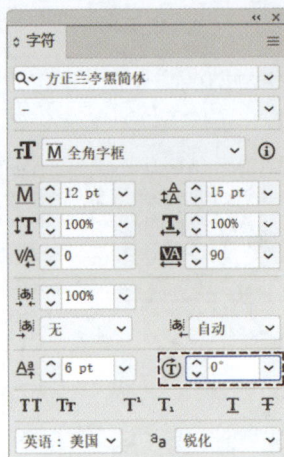

图6-65

图6-66

技巧与提示

在设置字符旋转时，当输入的数值为正值时，字符按逆时针方向旋转；当输入的数值为负值时，字符按顺时针方向旋转。

• 全部大写字母 TT：单击此按钮，字符中的所有小写字母将转换为大写字母，如图6-67所示。

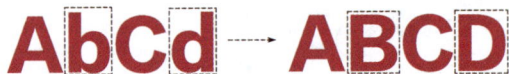

图6-67

• 小型大写字母 Tr：单击该按钮，字符中的小写字母将转换为小型大写字母，如图6-68所示。

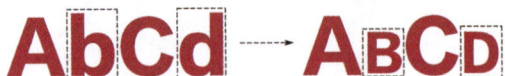

图6-68

• 上标 T¹：单击该按钮，选中的字符将转换为上标字符样式，如图6-69所示。

图6-69

● 下标 **T₁**：单击该按钮，所选字符将转换为下标字符样式，如图6-70所示。

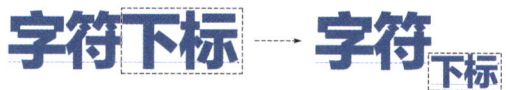

图6-70

● 下划线 **T**：单击此按钮，所选字符将标识下划线样式，如图6-71所示。

图6-71

● 删除线 **F**：单击该按钮，选中的字符将显示为删除线样式，如图6-72所示。

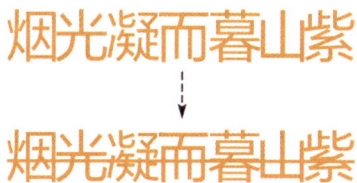

图6-72

6.1.4 "段落"面板

执行"窗口>文字>段落"菜单命令，打开"段落"面板，如图6-73所示。"段落"面板用于设置段落的对齐方式、缩进距离和标点规则等属性。

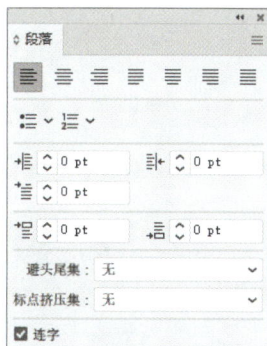

图6-73

"段落"面板选项介绍

● 左对齐 **≡**：单击该按钮，将段落中的字符向左侧对齐，如图6-74所示。

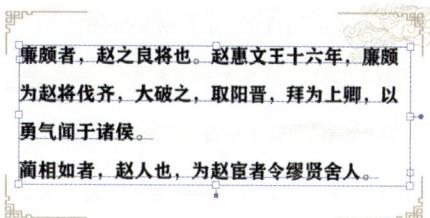

图6-74

● 居中对齐 **≡**：单击该按钮，将段落中的字符向中间对齐，如图6-75所示。

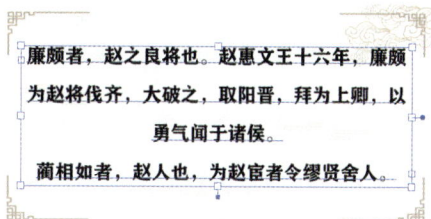

图6-75

● 右对齐 **≡**：单击该按钮，将段落中的字符向右侧对齐，如图6-76所示。

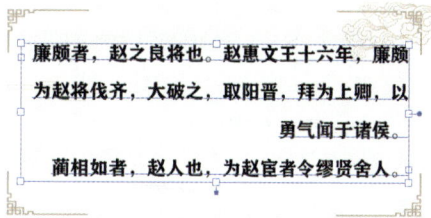

图6-76

● 两端对齐，末行左对齐 **≡**：单击该按钮，可以将段落中的字符同时向左右两端对齐，而末行的字符则向左侧对齐，如图6-77所示。

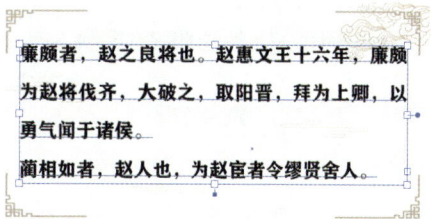

图6-77

● 两端对齐，末行居中对齐 **≡**：单击该按钮，可以将段落中的字符向左右两端对齐，同时将末行的字符向中间对齐，如图6-78所示。

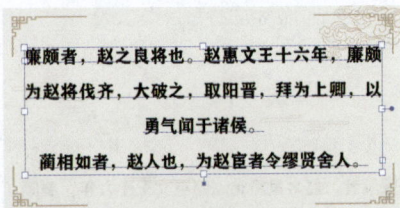

图6-78

● 两端对齐，末行右对齐 ▤：单击该按钮，可以将段落中的字符向左右两端对齐，末行字符则向右侧对齐，如图6-79所示。

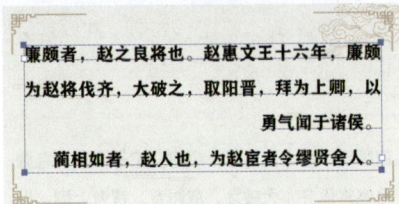

图6-79

● 全部两端对齐 ▤：单击此按钮，将段落中的所有字符向左右两端对齐，如图6-80所示。

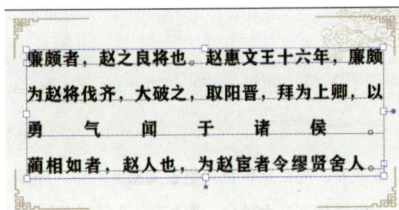

图6-80

● 项目符号 ▤▾：用于设置区域文字中的项目符号，如图6-81所示。在右侧的下拉列表框中，可以选择项目符号的样式，如图6-82所示。

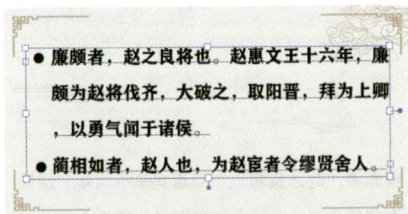

图6-81

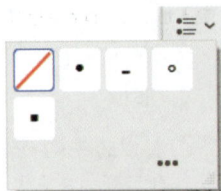

图6-82

● 编号列表 ▤：用于设置区域文字中的编号，如图6-83所示。在右侧的下拉列表框中可以选择编号列表的样式，如图6-84所示。

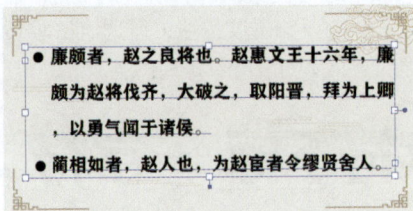

图6-83

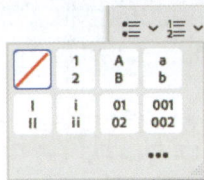

图6-84

● 左缩进 ▤：用于设置区域内文字中的字符与左侧文本框之间的距离，如图6-85所示。可以在后面的文本框内输入数值来调整该距离的大小，如图6-86所示。

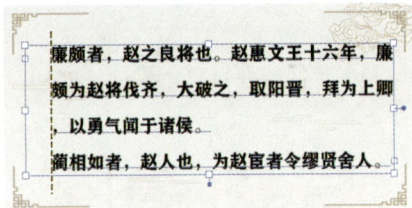

图6-85

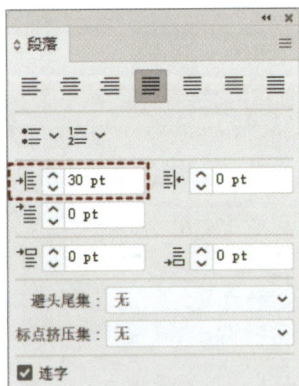

图6-86

● 右缩进 ▤：用于设置区域文字中的字符与右侧文本框之间的距离，如图6-87所示。可以在后面的文本框内输入数值来调整该距离的大小，如图6-88所示。

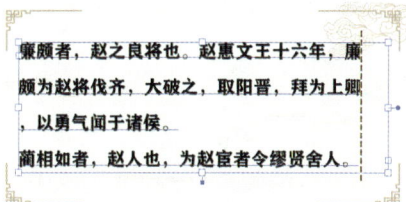

图6-87

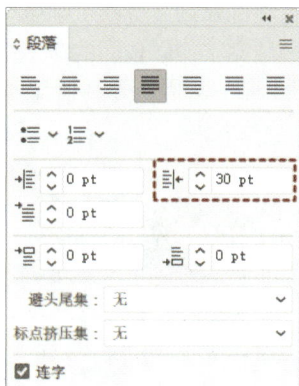

图6-88

- 首行缩进 ⁺⁼≣：用于设置区域内文字中每个段落的第一行文本与左侧文本框之间的距离，如图6-89所示。可以在后面的文本框内输入数值来设置该距离的大小，如图6-90所示。

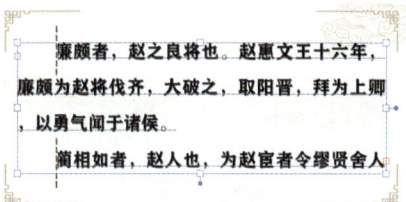

图6-89

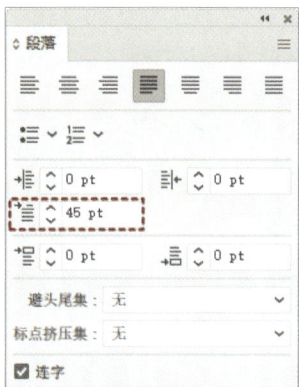

图6-90

- 段前距离 ⁺≣：用于设置选中段落与前一段落之间的距离，如图6-91所示。可以在后面

的文本框内输入数值来设置段前距离的大小，如图6-92所示。

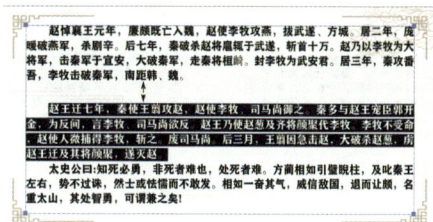

图6-91

图6-92

- 段后距离 ₊≣：用于设置选中段落与其后一段落之间的距离，如图6-93所示。可以在后面的文本框内输入数值来设置段后距离的大小，如图6-94所示。

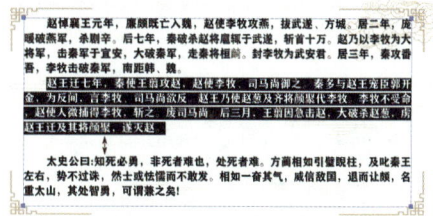

图6-93

图6-94

- 避头尾集：用于设置某些字符避免出现在行首或行尾。该功能主要应用于中文段落的换行，避免将标点符号置于行首或行尾，如图6-95所示。

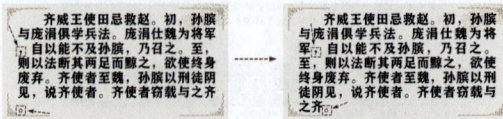

图6-95

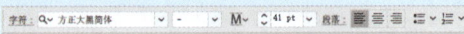

图6-96

6.1.5 文本绕排

"文本绕排"功能用于将文字对象环绕在其他对象的周围，该对象可以是位图对象，也可以是矢量图对象。

1. 创建文本绕排

选中要绕排的对象和区域文字，如图6-97所示。然后执行"对象>文本绕排>建立"菜单命令，即可创建文本绕排效果，如图6-98所示。

图6-97

图6-98

图6-99

2. 编辑文本绕排

创建文本绕排后，可以对其进行编辑。

（1）编辑绕排对象。选中绕排对象后，可以进行移动、缩放和旋转的基础变换操作，如图6-100所示。

图6-100

（2）文本绕排选项。选中绕排对象，执行"对象>文本绕排>文本绕排选项"菜单命令，打开"文本绕排选项"对话框，如图6-101所示。通过设置位移参数来调整绕排对象的轮廓宽度，如图6-102所示。

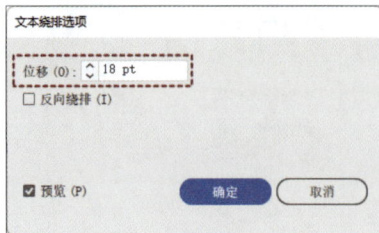

图6-101

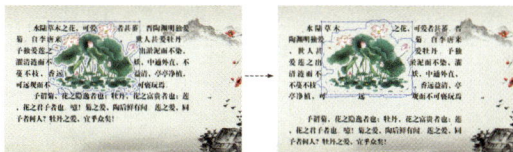
图6-102

（3）释放文本绕排。选中绕排对象，执行"对象>文本绕排>释放"菜单命令，即可取消文本绕排效果。

6.2 文字编辑

文字编辑包括查找和替换文字、更改文字大小写、设置字符样式和段落样式，以及文字封套功能。

6.2.1 课堂案例：绘制卡通标题文字

效果文件位置	实例文件>CH06>课堂案例>绘制卡通标题文字.ai
素材文件位置	无
技术掌握	掌握文字的编辑操作

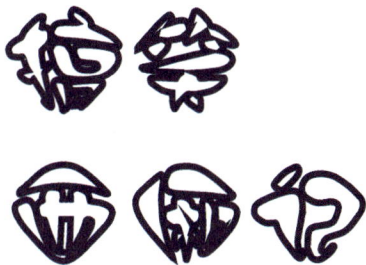

课堂案例：绘制卡通标题文字

本案例中绘制的卡通标题文字效果如图6-103所示。

图6-103

（1）使用"文字工具"输入文本内容，如图6-104所示，将文字的字体设置为"汉仪嘟嘟体简"，如图6-105所示。

（2）使用"文字修饰工具" ⬚ 拖曳第一个文字上方的旋转控制点，可以对文字进行旋转，如图6-106所示。通过拖曳字符的旋转控制点和边角控制点调整各个文字的大小、角度和位置，

效果如图6-107所示。

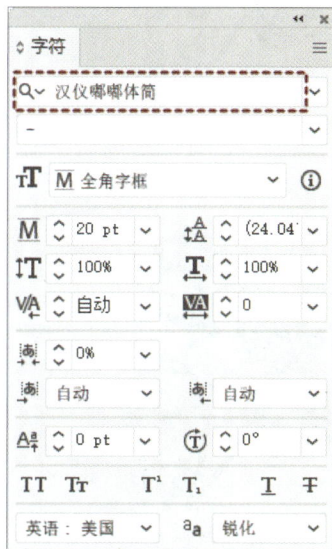

图6-104

图6-105

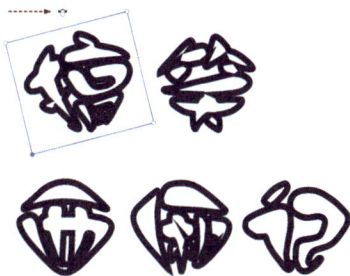

图6-106

图6-107

（3）右击文字，在弹出的快捷菜单中选择"创建轮廓"命令，如图6-108所示。然后，继续右击文字，在弹出的快捷菜单中选择"取消编组"命令，如图6-109所示。

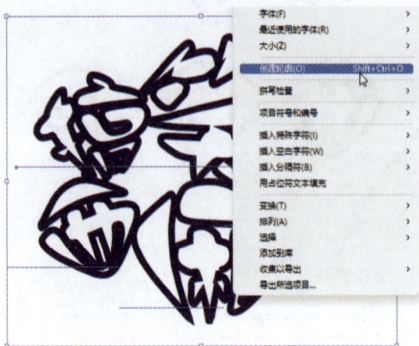

图6-108

图6-109

（4）执行"对象>路径>偏移路径"菜单命令，打开"偏移路径"对话框，设置偏移路径的位移为1，如图6-110所示。接着绘制出主对象的描边效果，然后修改偏移路径的颜色，如图6-111所示。

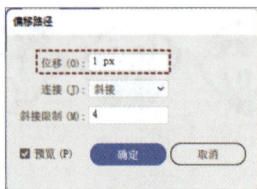

图6-110

图6-111

（5）在文字旁边绘制一个椭圆形，如图6-112所示。然后选中该文字和椭圆形，执行"对象>封套扭曲>用顶层对象建立"菜单命令创建椭圆封套扭曲文字，如图6-113所示。

图6-112

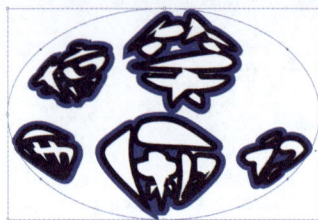

图6-113

（6）使用"椭圆工具"在文字右侧绘制一个椭圆，并将其填充色设为红色，如图6-114所示。

图6-114

（7）使用"文字工具"添加注释文字，最终效果如图6-115所示。

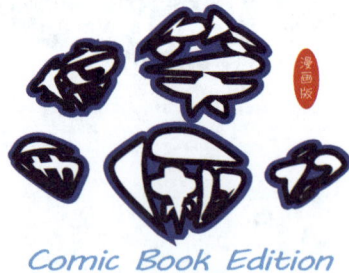

Comic Book Edition

图6-115

6.2.2 修饰文字

使用"修饰文字工具"可以修饰文字对象中的

字符，例如移动字符、缩放字符和旋转字符。在工具栏中选择"文字修饰工具" ，然后在文字对象中单击任意字符，该字符即被选中，如图6-116所示。接着，使用鼠标对被选中的字符进行修饰。

图6-116

1. 移动字符

将鼠标指针移动到该字符左下角的实心圆点上，按住鼠标左键进行拖曳即可移动该字符的位置，如图6-117所示。

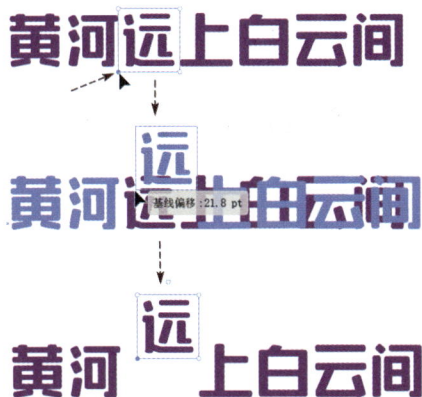

图6-117

2. 缩放字符

将鼠标指针移动到该字符的左上角、右上角或右下角的空心圆点上，按住鼠标左键进行拖曳即可调整该字符的大小，如图6-118所示。

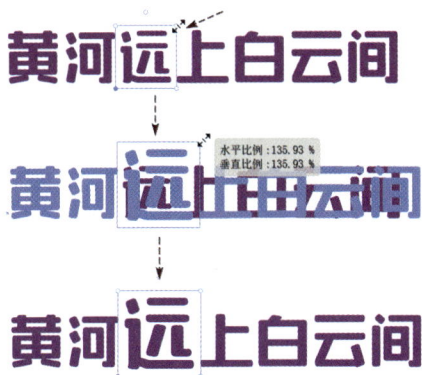

图6-118

3. 旋转字符

将鼠标指针移动到该字符顶部的空心圆点上，

按住鼠标左键即可旋转字符的方向，如图6-119所示。

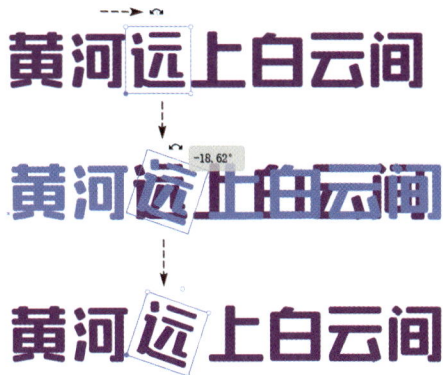

图6-119

6.2.3 查找和替换文字

通过查找和替换文字功能，可以在长文档中快速查找或替换指定的文字。

1. 查找文字

执行"编辑>查找和替换"菜单命令，打开"查找和替换"对话框。接着在"查找"后面的文本框内输入需要查找的文本内容，然后单击"查找下一个"按钮，如图6-120所示，即可对文本内容进行查找，如图6-121所示。

图6-120

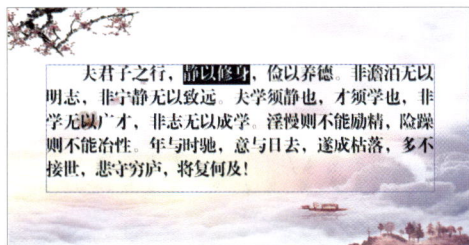

图6-121

2. 替换文字

执行"编辑>查找和替换"菜单命令，打开"查找和替换"对话框。接着在"查找"后面的文本框内输入需要查找的文本内容，然后在

"替换为"后的文本框内输入需要替换的文本内容。最后，单击"替换"或"全部替换"按钮即可，如图6-122所示。这样便可以对文本内容进行替换，如图6-123所示。

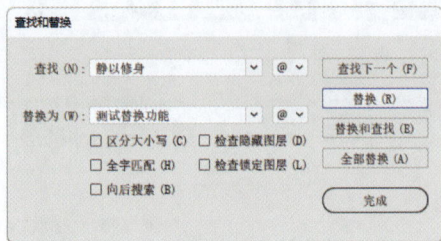
图6-122

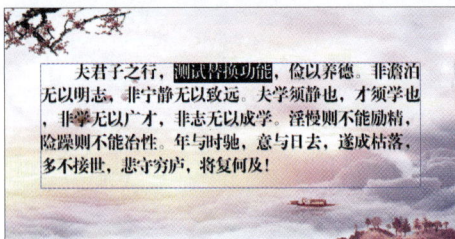
图6-123

6.2.4 更改文字大小写

选中文字对象，执行"文字>更改大小写>大写"菜单命令，该文本对象中的所有字母将被转换为大写格式，如图6-124所示。

图6-124

选中文字对象，执行"文字>更改大小写>小写"菜单命令，该文本对象中的所有字母将被转换为小写格式，如图6-125所示。

图6-125

选中文字对象，执行"文字>更改大小写>词首大写"菜单命令，该文本对象中所有单

词的首字母将被转换为大写格式，如图6-126所示。

图6-126

选中文字对象，执行"文字>更改大小写>句首大写"菜单命令，该文本对象中每段文字的第一个单词的首字母将被转换为大写格式，如图6-127所示。

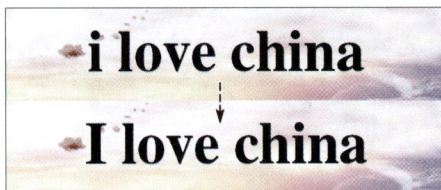
图6-127

6.2.5 字符样式和段落样式

执行"窗口>文字>字符样式"菜单命令以打开"字符样式"面板，如图6-128所示；执行"窗口>文字>段落样式"菜单命令以打开"段落样式"面板，如图6-129所示。"字符样式"面板和"段落样式"面板的操作方式完全相同。

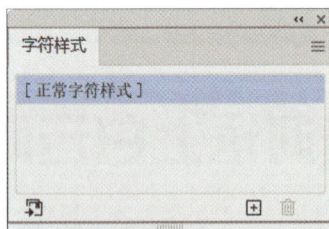
图6-128

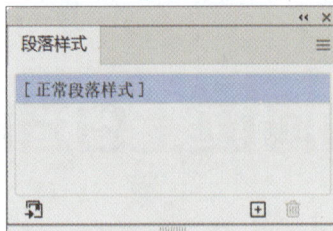
图6-129

1. 创建字符样式

选中需要创建字符样式的文本对象，在"字符样式"面板中单击"创建新样式"按钮即可创建新的字符样式，如图6-130所示。

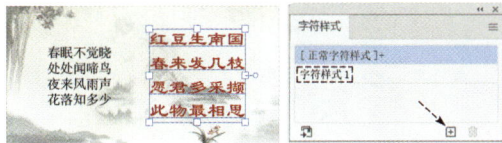

图6-130

2. 应用字符样式

选中需要应用字符样式的文字对象，在"字符样式"面板中单击所需应用的字符样式，即可将该字符样式应用到选中的文字对象上，如图6-131所示。

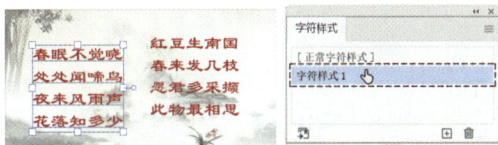

图6-131

3. 恢复字符样式

选中需要恢复字符样式的文字对象，在"字符样式"面板中单击"正常字符样式"选项即可将该字符样式恢复到默认字符样式，如图6-132所示。

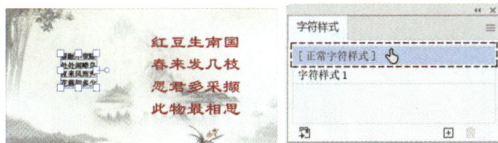

图6-132

6.2.6 文字封套

"封套扭曲"功能可以将对象按照特定的形状进行扭曲变形，该功能常用于文字对象。其中，"用顶层对象建立"是最常用的封套命令。

1. 创建封套效果

选中需要进行封套的文字对象及其上层的封套图形，如图6-133所示，然后执行"对象>封套扭曲>用顶层对象建立"菜单命令，即可创建封套效果，如图6-134所示。

图6-133

图6-134

2. 编辑封套效果

使用工具栏中的"选择工具"和"直接选择工具"可以直接编辑封套图形，如图6-135所示。双击封套对象进入隔离模式，即可编辑被封套的对象，如图6-136所示。执行"对象>封套扭曲>释放"菜单命令即可释放封套效果，如图6-137所示。

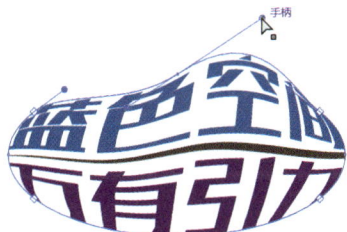

图6-135

图6-136

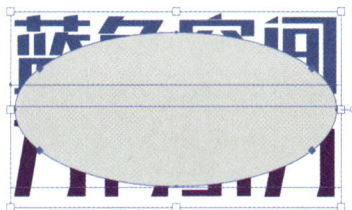

图6-137

6.3 课后习题

6.3.1 绘制专区标签

效果文件位置	实例文件>CH06>课后习题>绘制专区标签.ai
素材文件位置	素材文件>CH06>课后习题>女鞋.psd
技术掌握	掌握文字的编辑操作

课后习题：绘制专区标签

习题要求：绘制一个专区标签文字，效果如图6-138所示。

图6-138

参考步骤

（1）使用"矩形工具"和"渐变工具"绘制底图，如图6-139所示。接下来，使用"铅笔工具"绘制云彩轮廓，并填充颜色，如图6-140所示。

图6-139

图6-140

（2）导入"女鞋.psd"素材，然后使用"文字工具"输入文字对象并添加文字投影效果，如图6-141所示。在"字符"面板中设置文字的字体和大小，如图6-142所示。

图6-141

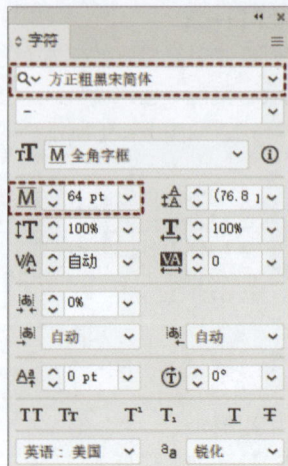

图6-142

（3）使用"圆角矩形工具"绘制底部的按钮，然后创建文字并添加文字投影，再设置文字的字体和大小，如图6-143所示。

图6-143

（4）使用"渐变工具"和"椭圆工具"绘制右侧的按钮，然后创建文字并添加文字投影，再设置文字的字体和大小，最终效果如图6-144所示。

图6-144

6.3.2 绘制双色变形文字

效果文件位置	实例文件>CH06>课后习题>绘制双色变形文字.ai
素材文件位置	无
技术掌握	掌握文字工具的使用

课后习题：绘制双色变形文字

习题要求：绘制一个双色变形文字，效果如图6-145所示。

图6-145

参考步骤

（1）使用"文字工具"输入文本内容，并为文字填充颜色，如图6-146所示。然后使用"直线段工具"绘制若干条斜线，如图6-147所示。

图6-146

图6-147

（2）使用"实时上色工具"给部分笔画添加颜色，如图6-148所示。

图6-148

（3）使用"实时上色选择工具"删除多余的路径，效果如图6-149所示。

图6-149

（4）执行"对象>封套扭曲>用变形建立"菜单命令，打开"变形选项"对话框，设置文字的变形参数，如图6-150所示，最终效果如图6-151所示。

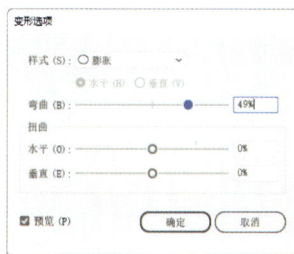
图6-150

图6-151

第 7 章　外观与效果

本章主要介绍如何使用"外观"面板为对象添加外观效果，包括 3D 效果、扭曲和变换、风格化等。同时，还介绍了"描边"面板、"画笔"面板、"符号"面板和"图形样式"面板的使用方法。

🎯 学习重点

- "外观"面板
- "描边"面板
- "画笔"面板
- "符号"面板
- "图形样式"面板
- 效果菜单

7.1　编辑图形外观

对图形外观进行编辑，可以使图形产生立体化、投影、扭曲等特殊效果。

7.1.1　课堂案例：绘制水晶ICON

效果文件位置	课堂案例>CH07>课堂案例>绘制水晶ICON.ai
素材文件位置	无
技术掌握	掌握"描边"面板和"外观"面板的使用

课堂案例：绘制水晶ICON

本案例绘制的水晶ICON效果如图7-1所示。

图7-1

（1）使用"圆角矩形工具"绘制一个边长为200px、圆角半径为70px的圆角正方形，如图7-2所示。

（2）执行"对象>路径>偏移路径"菜单命令，在打开的"偏移路径"对话框中设置位移为-15px，如图7-3所示。圆角矩形的偏移效果如图7-4所示。

图7-2

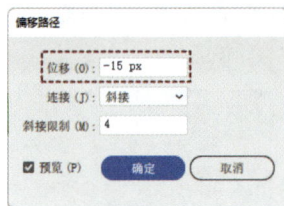

图7-3

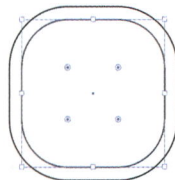

图7-4

（3）选中大的圆角矩形，设置描边色为灰色（R:220，G:221，B:221），描边粗细为2pt；然后使用"渐变工具"制作线性渐变效果，设置角度为-90°，将位置0的颜色设置为白色（R:255，G:255，B:255）、位置100的颜色设置为浅绿色（R:203，G:255，B:191）。效果如图7-5所示。

（4）选中小的圆角矩形，设置描边色为深

绿色（R:26，G:137，B:4）；然后使用"渐变工具"制作线性渐变效果，设置角度为-90°，将位置0的颜色设置为绿色（R:126，G:254，B:33）、位置100的颜色设置为深绿色（R:72，G:195，B:14）。效果如图7-6所示。

图7-5

图7-6

（5）使用"圆角矩形工具"绘制一个边长为130px、圆角半径为35px的圆角矩形，将该矩形的填色设置为绿色（R:101，G:222，B:15），并将其与主对象中心对齐，如图7-7所示。

（6）复制刚绘制的圆角矩形，使用"渐变工具"制作径向渐变效果，将位置50的颜色设置为白色（R:255，G:255，B:255）、位置75的颜色设置为黑色（R:0，G:0，B:0），如图7-8所示。然后选中这2个圆角矩形，创建不透明蒙版，效果如图7-9所示。

图7-7

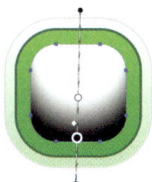
图7-8

图7-9

（7）选择中间的圆角矩形，将其复制一次，然后使用"直接选择工具"将下半部分的锚点向上平移一定的距离，如图7-10所示。再将中间的圆角矩形复制一次，选中复制的圆角矩形和刚才移动锚点的对象，在"路径查找器"中单击"减去顶层"按钮创建复合对象，如图7-11所示，设置该复合对象的填色为深绿色（R:13，G:139，B:13），如图7-12所示。

复制此圆角矩形
图7-10

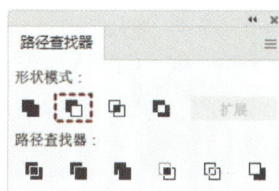
图7-11

图7-12

（8）使用"矩形工具"和"渐变填充工具"绘制一个线性渐变矩形，如图7-13所示。然后选中该矩形与上一步创建的复合对象，创建不透明蒙版对象，效果如图7-14所示。

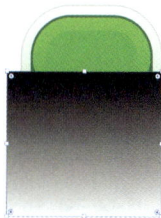
图7-13

图7-14

（9）选中中间的圆角矩形，复制一次，调整其边长为151px、圆角半径为49px，如图7-15所示。然后使用"直接选择工具"删除部分锚点，仅保留左下角和右上角的两条路径，如图7-16所示。接着使用"钢笔工具"和"锚点工具"调整这两条路径，如图7-17所示。

图7-15

图7-16

图7-17

（10）选择右上角的路径，执行"窗口>描边"菜单命令打开"描边"面板，设置描边粗细为16pt、端点为圆头端点，如图7-18所示；然后修改描边色为白色（R:255，G:255，B:255），效果如图7-19所示。

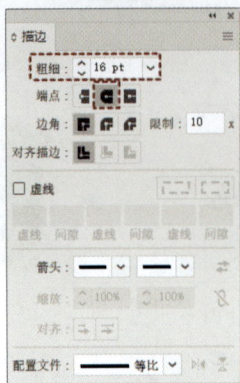

图7-18

（11）选择左下角的路径，设置描边粗细为14pt、端点为圆头端点，然后修改描边色为浅绿色（R:89，G:221，B:20），效果如图7-20所示。

图7-19　　　　　图7-20

（12）参照前面的步骤，在主对象的顶部绘制一个复合对象，设置填色为白色（R:255，G:255，B:255）；然后使用该复合对象创建一个不透明蒙版对象，效果如图7-21所示。

图7-21

（13）使用"钢笔工具"绘制一个钩形图案，在"描边"面板中设置描边粗细为40pt、端点为圆头端点，如图7-22所示。

（14）使用"直接选择"工具调整勾形图案的角点，如图7-23所示，然后执行"对象>路径>轮廓化描边"菜单命令，将图形转换为轮廓化描边。

图7-22

图7-23

（15）将勾形图案移动到主对象中心，使用"渐变工具"制作线性渐变效果，设置角度为-90°，将位置0的颜色设置为白色（R:255，G:255，B:255）、位置100的颜色设置为浅绿色（R:203，G:255，B:191），如图7-24所示。

图7-24

（16）执行"窗口>外观"菜单命令，打开"外观"面板。单击下方的"添加新效果"按钮 *fx.*，在弹出的菜单中选择"风格化>投影"命令，如图7-25所示，在打开的"投影"对话框中设置投影的不透明度为25%、模糊为3 px，如图7-26所示，投影效果如图7-27所示。

图7-25

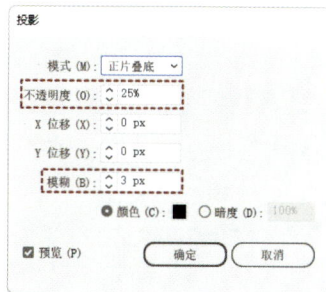

图7-26　　　　　　图7-27

图7-31

（17）选中中间最小的（不透明蒙版）圆角矩形对象，单击"外观"面板下方的"添加新效果"按钮 **fx.**，在弹出的菜单中选择"风格化>羽化"命令，在打开的"羽化"对话框中设置羽化半径为10px，如图7-28所示，本例的最终效果如图7-29所示。

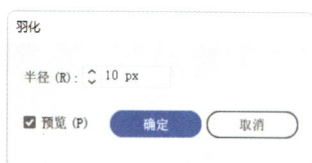

图7-28　　　　　　图7-29

7.1.2　"外观"面板

"外观"面板是用于编辑填充、描边、不透明度和效果的综合面板。我们通过使用该面板的功能，可以快速编辑对象的各种属性和效果。执行"窗口>外观"菜单命令可以打开"外观"面板。在未选择任何对象的情况下，"外观"面板如图7-30所示。

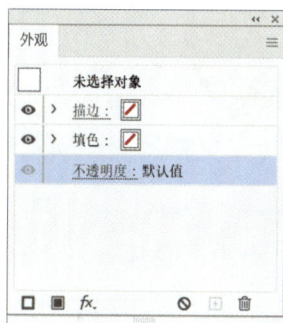

图7-30

选中一个对象后，该面板中将显示该对象的外观属性，包括描边、填色、不透明度等。然后可以单击某项外观属性，重新设置该属性的参数，如图7-31所示。

技巧与提示

对象的外观属性是一种包含上下层关系的属性。如图7-32和图7-33所示，当描边和填色属性的上下层关系位于不同位置时，对象所显示的效果会不同。

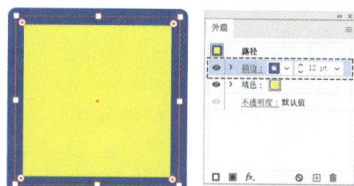

图7-32

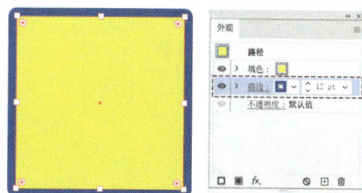

图7-33

"外观"面板选项介绍

● 添加新描边 ❑：单击该按钮可以为对象添加新的描边效果，如图7-34所示。

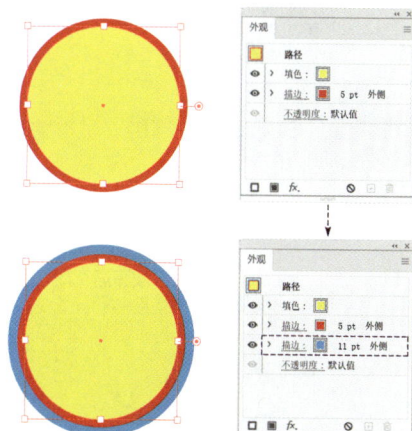

图7-34

● 添加新填色■：单击该按钮可以为对象添加新的填色效果，如图7-35所示。

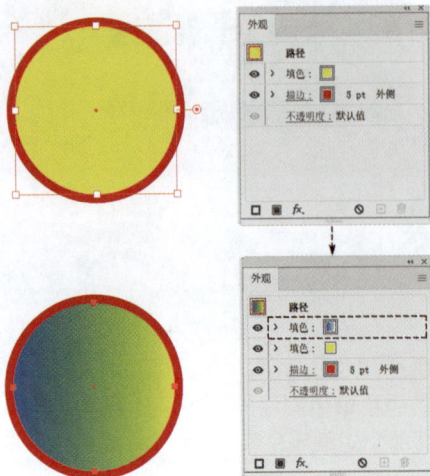

图7-35

● 添加新效果 *fx.*：单击该按钮以打开效果菜单，可以为对象添加丰富的特殊效果，如图7-36所示。

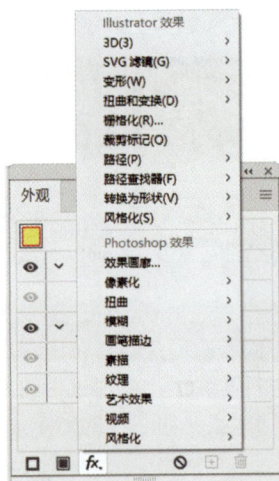

图7-36

● 清除外观 ⊘：单击该按钮可以清除所选对象的所有外观属性，如图7-37所示。

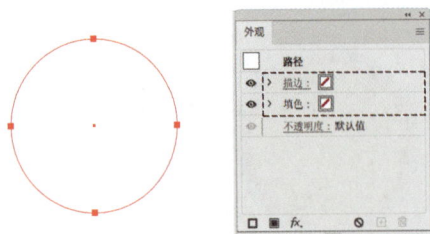

图7-37

● 复制所选项目 ▣：选中某个外观属性，单击该按钮即可复制该外观属性，如图7-38所示。

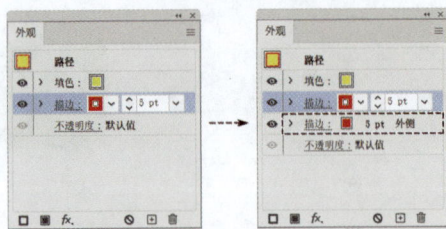

图7-38

● 删除所选项目 🗑：选中某项外观属性后，单击该按钮即可删除该项外观属性。

● 切换可视性 👁：单击该按钮可以隐藏/显示该外观属性的显示效果。

● 简化至基本外观：单击面板右上角的按钮 ≡，在打开的菜单中选择"简化至基本外观"命令，如图7-39所示。被选中的对象将仅保留填色和描边效果，如图7-40所示。

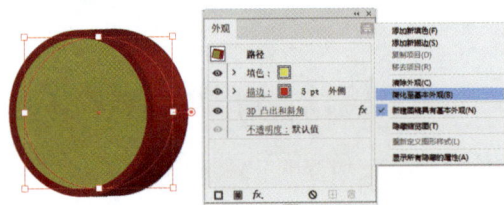

图7-39

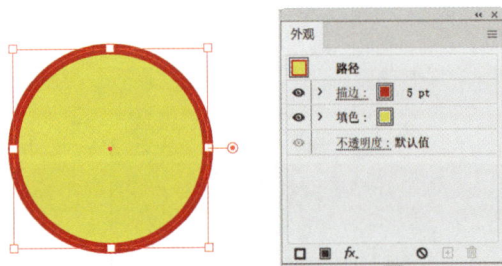

图7-40

7.1.3 "描边"面板

"描边"面板主要用于编辑图形的描边样式。执行"窗口>描边"菜单命令可以打开"描边"面板，如图7-41所示。

"描边"面板选项介绍

● 粗细：用于设置图形的描边粗细。设置描边粗细为2和描边粗细为10的效果如图7-42所示。

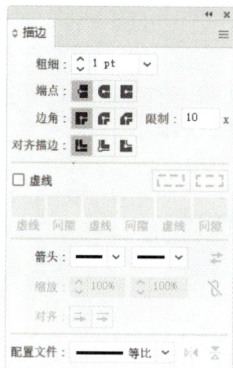
图7-41

图7-42

- 端点：用于设置描边的端点样式，包括平头端点、圆头端点和方头端点。各种样式的效果如图7-43所示。

平头端点　　圆头端点　　方头端点
图7-43

- 边角：用于设置描边的边角连接样式，包括斜接、圆角和斜角。各种样式的效果如图7-44所示。

斜接连接　　圆角连接　　斜角连接
图7-44

- 对齐描边：用于设置描边的对齐方式，包括使用描边居中对齐、描边内侧对齐和描边外侧对齐。
- 虚线：选中该复选框可以设置描边的虚线效果。通过设置虚线和间隙值，可以调整描边的虚线长度和间隙长度。设置虚线为10pt、间隙为5 pt，以及设置虚线为20pt、间隙为5 pt的效果如图7-45所示。
- 箭头：用于设置描边的箭头效果。通过设置缩放值，可以调整箭头的大小。设置起点箭头和终点箭头的效果如图7-46所示。

图7-45

图7-46

7.1.4　"画笔"面板

"画笔"面板主要用于编辑画笔样式，通常与"画笔工具"或"路径编辑工具"配合使用。执行"窗口>画笔"菜单命令可以打开"画笔"面板，如图7-47所示。

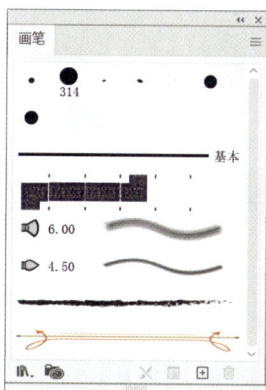
图7-47

"画笔"面板选项介绍

- 画笔库菜单 ■：单击该按钮打开"画笔库菜单"，可以在该菜单的不同画笔库中选择需要的画笔，如图7-48所示。

图7-48

- 移去画笔描边 ✕：单击该按钮可删除所选（画笔）对象的描边效果。

● 所选对象的选项 ▣：单击该按钮可以打开所选对象的选项对话框，包括"书法画笔"、"散点画笔"、"图案画笔"、"毛刷画笔"和"艺术画笔"的选项。

● 新建画笔 ⊡：单击该按钮打开"新建画笔"对话框，可以创建新的画笔，如图7-49所示。

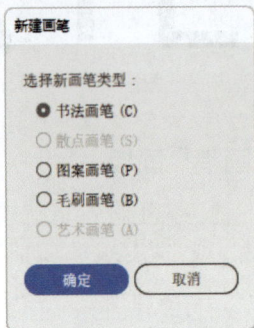

图7-49

● 删除画笔 🗑：单击该按钮可以删除选中的画笔。

> **技巧与提示**
>
> 直接将编辑好的对象拖曳到"画笔"面板中，可以快速创建新的画笔。

7.1.5 "符号"面板

"符号"面板主要用于将预设或自定义的符号图形插入到文档中。执行"窗口>符号"菜单命令可以打开"符号"面板，如图7-50所示。

图7-50

> **技巧与提示**
>
> "符号"面板通常与工具栏中的"符号喷枪工具"组配合使用。

"符号"面板选项介绍

● 符号库菜单 ▥.：单击该按钮可以在打开的该菜单中选择不同的符号库。

● 置入符号实例 ↵：在"符号"面板中选中某个符号后，单击该按钮可以将被选中的符号图形置入到工作区中心。

> **技巧与提示**
>
> 使用鼠标可以将"符号"面板中的符号直接拖曳到工作区。

● 断开符号链接 ✄：在工作区中选中某个符号图形，然后单击该按钮，符号将转换为可编辑图形，如图7-51所示。

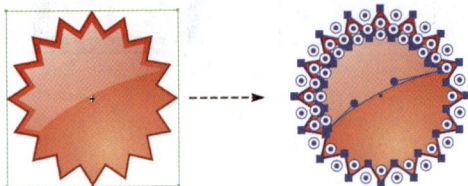

图7-51

● 符号选项 ▣：在"符号"面板中选中某个符号，单击该按钮以打开"符号选项"对话框。可以在该对话框中，可以设置符号的"名称"、"导出类型"和"符号类型"，如图7-52所示。

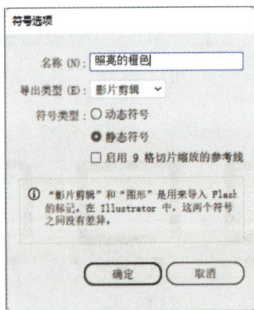

图7-52

● 新建符号 ⊡：在工作区内选中某个对象，单击该按钮即可创建新的符号。

● 删除符号 🗑：单击该按钮可以删除选中的符号。

> **技巧与提示**
>
> 直接将编辑好的对象拖曳到"符号"面板，可以快速创建新的符号。

7.1.6 "图形样式"面板

"图形样式"面板主要用于将预设或自定义的图形样式应用于所选对象。通过执行"窗口>图形样式"菜单命令，可以打开"图形样式"面板，如图7-53所示。

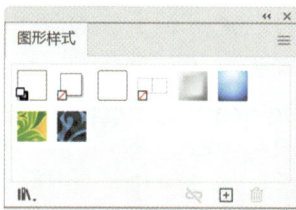

图7-53

选中某个图形对象后，在"图形样式"面板中单击某个图形样式，即可将该图形样式应用于所选对象，如图7-54所示。

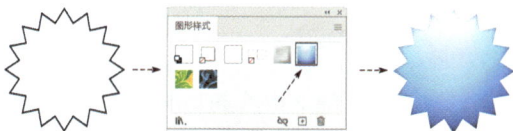

图7-54

"图形样式"面板选项介绍

● 图形样式库菜单 ▧：单击该按钮可打开"图形样式库菜单"，可以在该菜单的不同图形样式库中选择所需的图形样式进行应用，如图7-55所示。

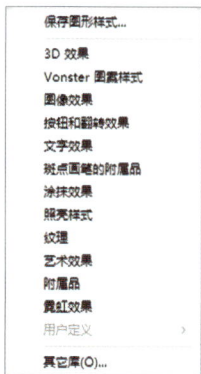

图7-55

● 断开图形样式链接 ▧：在工作区中选中应用图形样式的对象，单击该按钮可以将该对象转换为可编辑图形。

● 新建图形样式 ▣：在工作区中选中某个对象，单击该按钮即可创建新的图形样式。

● 删除图形样式 ▧：单击该按钮可以删除选中的图形样式。

技巧与提示

创建新的图形样式时，只能使用单一的图形对象，并且仅能包含描边和填色属性；编组图形、蒙版对象等均不能用于创建新的图形样式。

7.2 效果菜单的应用

效果菜单汇集了各种特效命令，可以为图形创建各种特殊效果。本节将对常用的效果类型进行讲解。

7.2.1 课堂案例：绘制立体化ICON

效果文件位置	实例文件>CH07>课堂案例>绘制立体化ICON.ai
素材文件位置	无
技术掌握	掌握效果菜单的应用

课堂案例：绘制立体化ICON

本案例中绘制的立体化ICON效果如图7-56所示。

图7-56

（1）使用"圆角矩形工具"绘制一个长、宽均为35px、圆角半径为10px的圆角矩形、设置其填充颜色为绿色（R:27，G:191，B:27），如图7-57所示。

图7-57

（2）执行"对象>路径>偏移路径"菜单命令，在"偏移路径"对话框中设置位移为-1，如图7-58所示。将偏移对象的颜色修改为浅绿色（R:37，G:214，B:37），效果如图7-59所示。

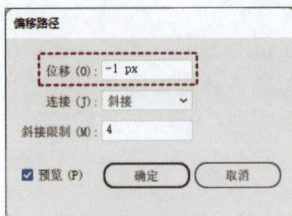

图7-58

图7-59

（3）使用"椭圆工具"绘制一个椭圆形，填充颜色为亮绿色（R:35，G:232，B:35），如图7-60所示。

图7-60

（4）复制一次小圆角矩形，选中复制的圆角矩形和椭圆形，然后在"路径查找器"面板中单击"交集"按钮 ▣，如图7-61所示，创建一个复合对象，如图7-62所示。

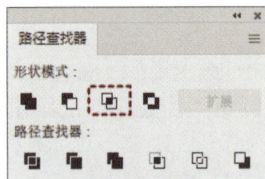

图7-61

图7-62

（5）选中所有对象，然后执行"对象>编组"菜单命令，对所有对象进行编组，如图7-63所示。

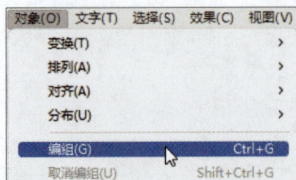

图7-63

（6）选中编辑对象，执行"效果> 3D和材质>凸出和斜角"菜单命令，打开"3D和材质"面板。设置凸出的深度为4，如图7-64所示。然后，在"3D和材质"面板下方的"旋转"选项组中设置旋转参数，如图7-65所示。接下来，选择"材质"选项卡设置图形的基本属性，如图7-66所示。最终创建的立体化效果如图7-67所示。

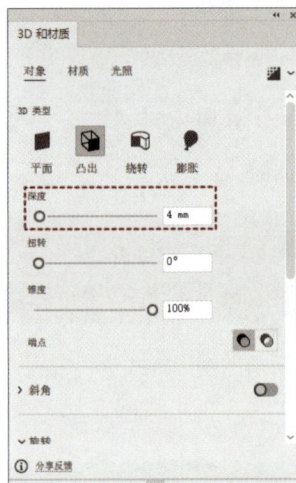

图7-64

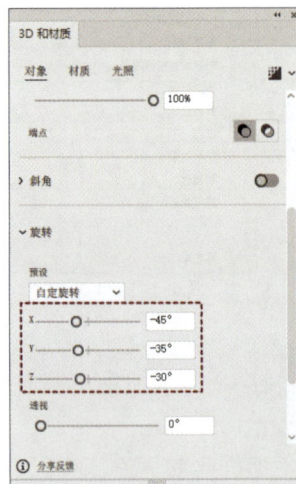

图7-65

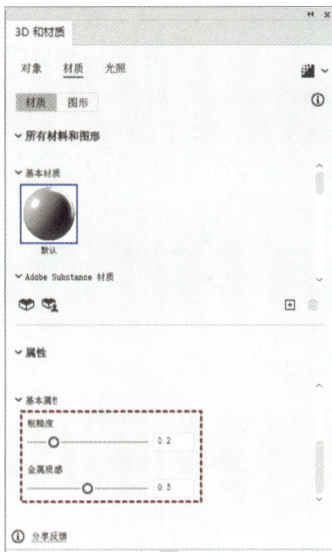

图7-66

图7-67

（7）使用"圆角矩形工具"、"钢笔工具"和"椭圆工具"绘制气泡轮廓图形，如图7-68所示。

图7-68

（8）参照前面的方法绘制气泡图的立体效果，如图7-69所示。然后使用"外观"面板中的"投影"命令添加投影效果以增强立体感，设置投影参数如图7-70所示，效果如图7-71所示。

图7-69

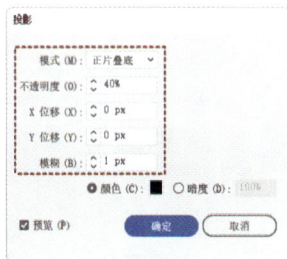

图7-70

图7-71

（9）使用相同的方法绘制另外两个立体化ICON，如图7-72所示，完成本例的制作。

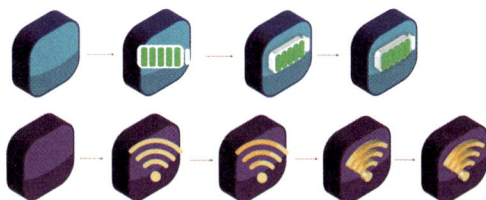

图7-72

7.2.2　效果菜单概述

效果菜单是用于给绘制对象添加特效的命令集，主要包括应用效果、文档栅格效果设置、Illustrator效果和Photoshop效果4个命令组。执行"效果"菜单命令，或单击"外观"面板中的"添加新效果"按钮 *fx.* 即可打开效果菜单，如图7-73所示。

图7-73

效果菜单选项介绍

● 应用效果：此选项包括"应用上一个效果"和"上一个效果"两个命令。"应用上一个效果"命令用于重复执行上一个效果并生成效果；"上一个效果"命令是指执行上一个效果命令，并且可以重新设置效果的参数。

● 文档栅格效果设置：该命令用于设置栅格化效果的预设参数，该参数对应Photoshop效果命令组中的位图效果参数相对应。

● Illustrator效果：该命令组用于为矢量对象创建效果。

● Photoshop效果：该命令组用于为矢量对象和位图对象创建效果。

7.2.3　3D效果

3D效果用于将二维平面图形绘制成三维立体图形。通过设置3D对象的外观参数，可以调整图形的角度、阴影和透视等效果。3D效果包括"旋转"、"凸出和斜角"、"绕转"和"膨胀"4个命令。

1. 旋转

执行"效果>3D和材质>旋转"菜单命令，打开"3D和材质"面板，如图7-74所示。通过设置该面板中的参数，可以将对象在三维空间中进行旋转，如图7-75所示。

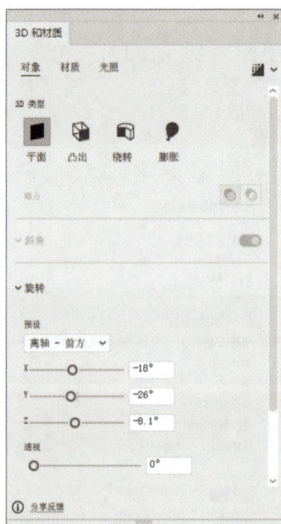

图7-74

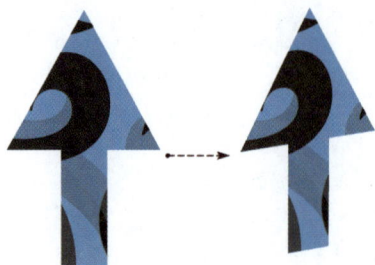

图7-75

旋转选项介绍

● 预设：可以在下拉列表中选择3D对象的旋转预设效果，如图7-76所示；也可以通过设置下方的X轴、Y轴、Z轴的旋转角度来自定义对象的旋转效果。

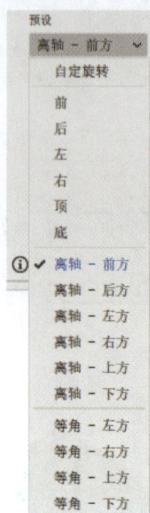

图7-76

● 透视：用于设置对象的三点透视深度。该数值越大，透视效果越明显；当透视数值为0时，对象显示为平行透视效果。

2. 凸出和斜角

执行"效果>3D和材质>凸出和斜角"菜单命令，打开"3D和材质"面板，如图7-77所示。通过设置该面板中的参数，可以创建对象的凸出和斜角效果，如图7-78所示。

图7-77

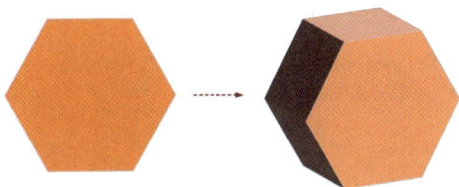

图7-78

凸出和斜角选项介绍

- 深度：用于设置3D对象的凸出厚度，该参数的数值越大，对象越厚。
- 扭转：用于设置3D对象的扭转效果，"扭转"45°的效果如图7-79所示。
- 锥度：用于设置3D对象的锥形效果，"锥度"60%的效果如图7-80所示。

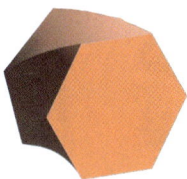

图7-79   图7-80

- 端点：该功能包括"开启端点以建立实心外观" ◔ 和"关闭端点以建立空心外观" ◑ 两个按钮，效果如图7-81所示。

实心外观   空心外观

图7-81

- 斜角：单击右侧按钮可以开启或关闭斜角参数，其参数如下。
  - 斜角形状：在该下拉列表中可以选择预设的斜角样式，如图7-82所示。

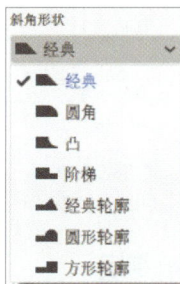

图7-82

- 宽度：用于调整斜角的宽度。
- 高度：用于调整斜角的高度。
- 重复：用于多次创建斜角，重复3次的效果如图7-83所示。

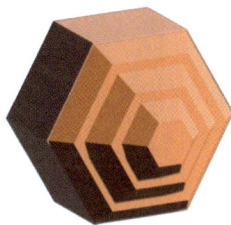

图7-83

- 空格：用于设置重复斜角之间的间距。
- 内部斜角：以对象边缘向内创建的斜角。
- 两侧斜角：以对象边缘向外创建的斜角。

> **技巧与提示**
>
> 在面板下方的"旋转"选项组中设置参数，也可以对已创建的3D对象进行旋转操作。

3. 绕转

执行"效果>3D和材质>绕转"菜单命令，打开"3D和材质"面板，如图7-84所示。通过设置该面板中的参数，可以创建对象的绕转效果，如图7-85所示。

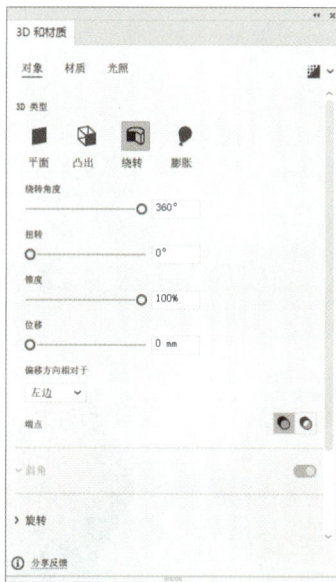

图7-84

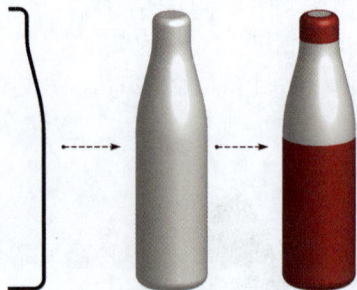

图7-85

"绕转"命令是以Y轴为旋转轴，通过绕转创建3D对象。"绕转"命令与"旋转"命令的区别在于："旋转"命令是调整对象在三维空间中的位置，而"绕转"命令是通过绕转来创建3D对象。

4. 膨胀

执行"效果>3D和材质>膨胀"菜单命令以打开"3D和材质"面板，如图7-86所示。通过设置该面板中的参数，可以创建对象的膨胀效果，如图7-87所示。

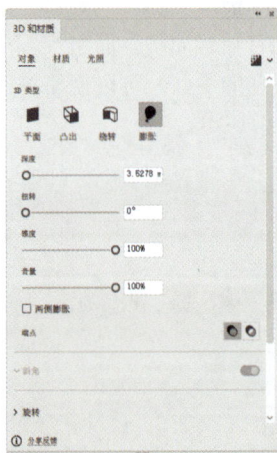

图7-86

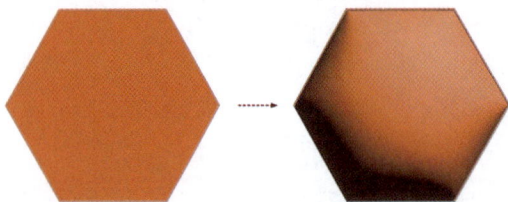

图7-87

在"3D和材质"面板中选择"材质"选项卡可以为图形添加材质效果，如图7-88所示；选择"光照"选项卡可以为图形添加灯光效果，如图7-89所示。

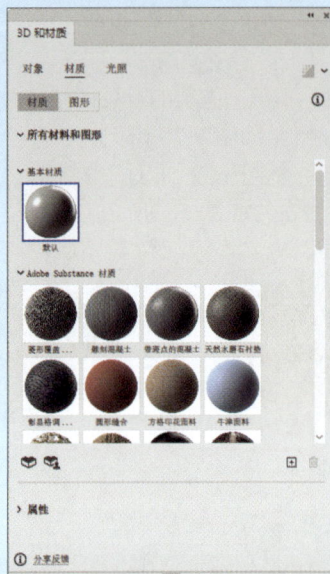

图7-88

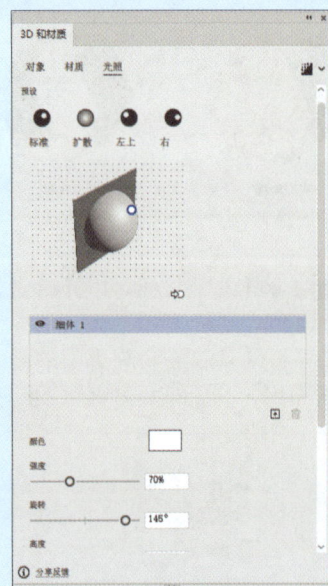

图7-89

7.2.4 扭曲和变换

扭曲和变换命令组是Illustrator效果中常用的效

果命令。该命令组包括变换、扭拧、扭转、收缩和膨胀、波纹效果、粗糙化和自由扭曲7种效果。

1. 变换

"变换"效果可以理解为"选择工具"、"旋转工具"、"镜像工具"和"再制"命令的组合命令。执行"效果>扭曲和变换>变换"菜单命令可以打开"变换效果"对话框，如图7-90所示。通过设置该对话框中的参数，可以创建复杂的复合图形，如图7-91所示。

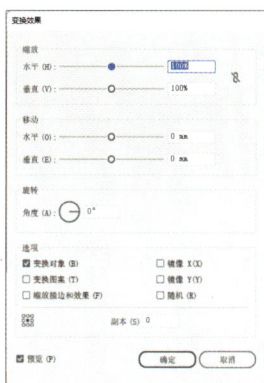

图7-90

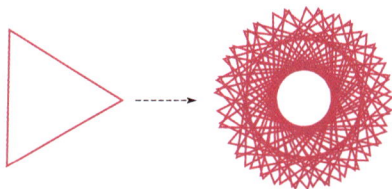

图7-91

2. 扭拧

"扭拧"效果用于创建对象的随机扭曲变换效果。执行"效果>扭曲和变换>扭拧"菜单命令可以打开"扭拧"对话框，如图7-92所示，通过设置该对话框中的"水平"和"垂直"扭曲量等参数，可以创建扭拧效果，如图7-93所示。

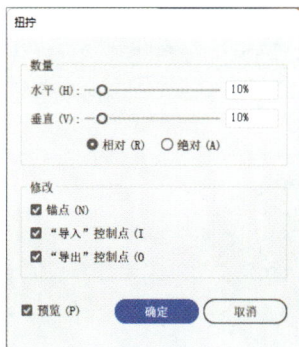

图7-92

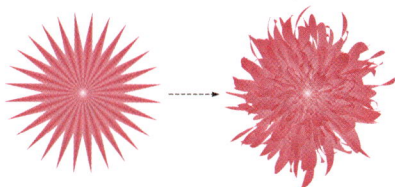

图7-93

3. 扭转

"扭转"效果用于创建对象按照中心进行扭曲旋转的效果。执行"效果>扭曲和变换>扭转"菜单命令可以打开"扭转"对话框，如图7-94所示。通过设置该对话框中的"角度"参数，可以创建扭转效果，如图7-95所示。

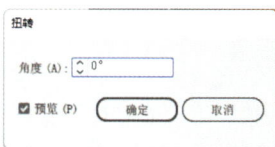

图7-94

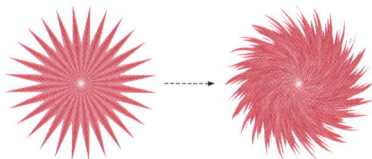

图7-95

💡 **技巧与提示**

当"角度"为正值时，该命令按顺时针方向创建"扭转"效果；当"角度"为负值时，该命令按逆时针方向创建"扭转"效果。

4. 收缩和膨胀

"收缩和膨胀"效果用于创建对象的"锚点收缩—路径膨胀"或"锚点膨胀—路径收缩"效果。执行"效果>扭曲和变换>收缩和膨胀"菜单命令，可以打开"收缩和膨胀"对话框，如图7-96所示。通过设置该对话框中的比例参数，可以创建收缩或膨胀效果，如图7-97所示。

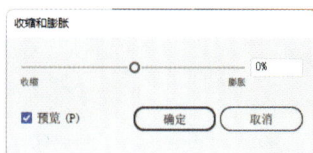

图7-96

图7-97

5. 波纹效果

　　"波纹效果"用于创建对象的波纹化变形效果。执行"效果>扭曲和变换>波纹效果"菜单命令，打开"波纹效果"对话框，如图7-98所示。通过设置该对话框中的各种参数，可以创建波纹效果，如图7-99所示。通过选择"平滑"或"尖锐"单选按钮，可以设置平滑或尖锐的波纹效果，如图7-100所示。

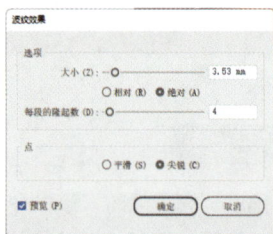

图7-98

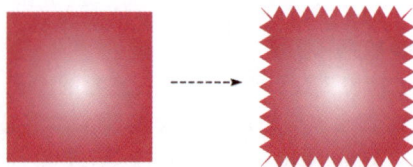

图7-99

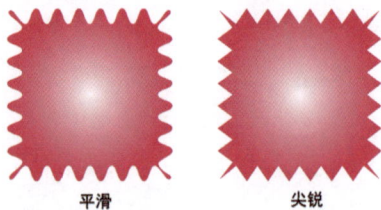

平滑　　　　　　尖锐

图7-100

6. 粗糙化

　　"粗糙化"效果用于创建对象的不规则波形效果。执行"效果>扭曲和变换>粗糙化"菜单命令，打开"粗糙化"对话框，如图7-101所示。通过设置该对话框中的各种参数，可以创建粗糙化效果，如图7-102所示。

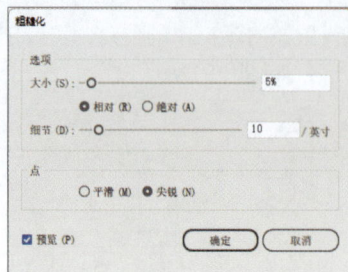

图7-101

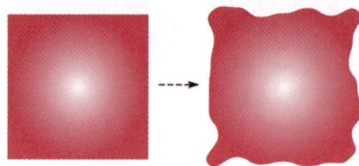

图7-102

7. 自由扭曲

　　"自由扭曲"效果用于创建对象的自由变形效果。执行"效果>扭曲和变换>自由扭曲"菜单命令可以打开"自由扭曲"对话框，如图7-103所示。通过调整预览窗口中的4个控制点，可以创建自由扭曲效果，如图7-104所示。

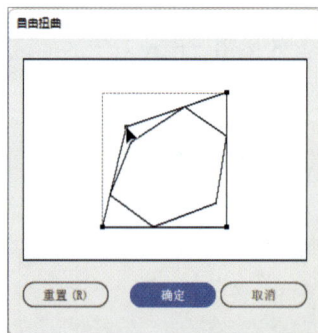

图7-103

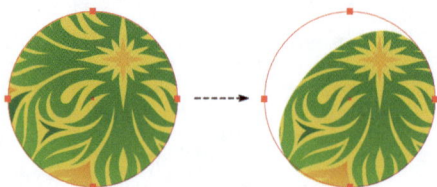

图7-104

7.2.5 风格化

风格化命令组是Illustrator效果中常用的效果命令，该命令组包括内发光、圆角、外发光、投影、涂抹和羽化6种效果。

1. 内发光

"内发光"效果用于在对象内部创建发光的效果。执行"风格化>内发光"菜单命令，打开"内发光"对话框，如图7-105所示。通过设置该对话框中的参数，可以创建内发光效果，如图7-106所示。

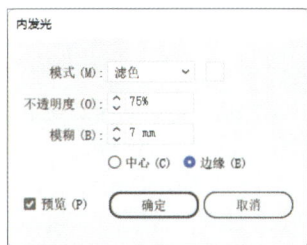

图7-105

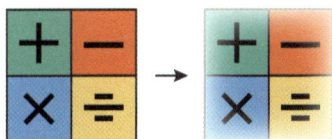

图7-106

内发光选项介绍

● 模式：在下拉列表中选择内发光颜色的混合模式。单击后面的色块打开拾色器，以选择内发光的颜色。

● 不透明度：设置内发光颜色的不透明度，数值越大，内发光颜色越不透明。

● 模糊：在文本框中输入数值，以设置内发光的模糊范围。

● 中心/边缘："中心"表示内发光由中心向边缘散发；"边缘"表示内发光由边缘向中心散发，如图7-107所示。

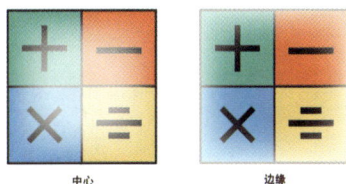

中心   边缘

图7-107

2. 圆角

"圆角"效果用于将对象中的尖角转换为圆角。执行"风格化>圆角"菜单命令可以打开"圆

角"对话框，如图7-108所示。通过设置圆角的"半径"数值，可以创建圆角效果，如图7-109所示。

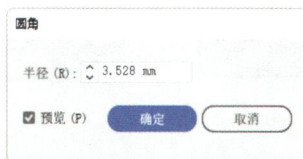

图7-108

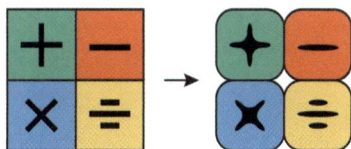

图7-109

3. 外发光

"外发光"效果用于在对象外部创建发光的效果。执行"风格化>外发光"菜单命令打开"外发光"对话框，如图7-110所示。通过设置该对话框中的参数，可以创建外发光效果，如图7-111所示。

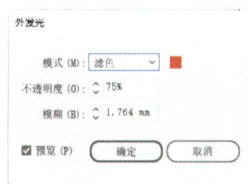

图7-110

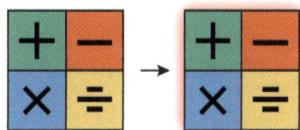

图7-111

4. 投影

"投影"效果用于创建对象的阴影效果。执行"风格化>投影"菜单命令可以打开"投影"对话框，如图7-112所示。通过设置该对话框中的参数，可以创建投影效果，如图7-113所示。

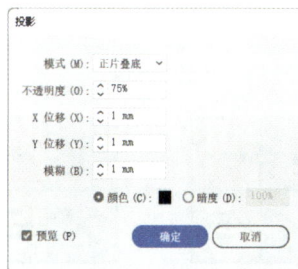

图7-112

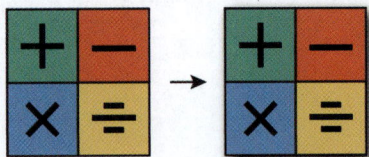

图7-113

投影选项介绍

● 模式：在下拉列表中选择内发光颜色的混合模式。

● 不透明度：设置内发光颜色的不透明度，数值越大，内发光颜色越不透明。

● X位移：设置投影与对象在X轴上的偏移距离。

● Y位移：设置投影与对象在Y轴上的偏移距离。

● 模糊：在文本框中输入数值，可以设置投影的模糊范围。

● 颜色：单击色块，打开拾色器，可以选择投影的颜色。

● 暗度：通过设置百分比，创建黑色投影的颜色深度。

5. 涂抹

"涂抹"效果用于创建对象手绘线条样式的效果。执行"风格化>涂抹"菜单命令，打开"涂抹选项"对话框，如图7-114所示。通过设置该对话框中的参数，可以创建涂抹效果，如图7-115所示。

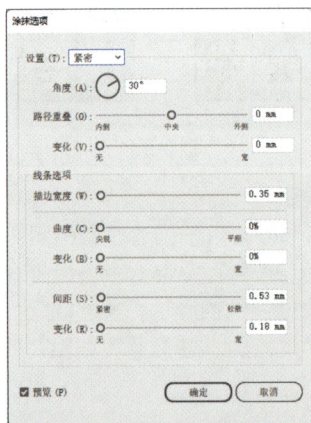

图7-114

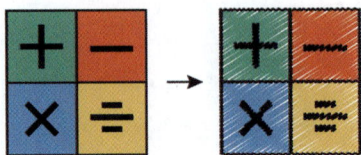

图7-115

涂抹选项介绍

● 设置：选择程序预设的涂抹样式。

● 角度：设置涂抹线条的方向。

● 路径重叠：设置涂抹线条的位置，包括"内侧"、"中央"和"外侧"3个位置。

● 变化：设置涂抹线条宽度的偏离值，数值越大，线条越长。

● 描边宽度：设置涂抹线条的粗细。

● 曲度：设置涂抹线条的弯曲程度。

● 间距：设置涂抹线条之间的距离。

● 变化：设置涂抹线条"曲度"和"间距"的偏离值。

6. 羽化

"羽化"效果用于创建对象边缘的虚化效果。执行"风格化>羽化"菜单命令，打开"羽化"对话框，如图7-116所示。通过设置该对话框中的参数，可以创建羽化效果，如图7-117所示。

图7-116

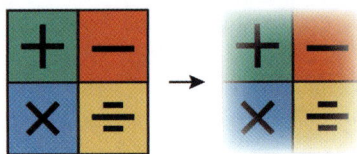

图7-117

7.2.6 栅格化

栅格化通常是指将矢量图形转换为位图的操作。首先，选中需要转换的矢量图形，然后执行"效果>栅格化"菜单命令，打开"栅格化"对话框，如图7-118所示。设置栅格化参数后，单击"确定"按钮即可完成栅格化操作。

图7-118

栅格化选项介绍

● 颜色模型：在下拉列表中选择颜色模型，包括"RGB（或CMYK，根据当前文件的模式而定）""灰度"和"位图"3个选项，如图7-119所示。

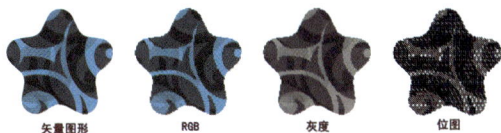

矢量图形　　RGB　　灰度　　位图

图7-119

● 分辨率：在下拉列表中选择栅格化后位图的分辨率。分辨率数值越大，位图的品质越高。

● 背景：设置栅格化后位图透明区域的像素形式。选择"白色"表示将白色像素填充至透明区域；选择"透明"表示将背景设置为透明。

● 消除锯齿：设置栅格化后位图的锯齿边缘样式。

● 创建剪切蒙版：设置栅格化位图后，将原透明区域显示为透明蒙版，如图7-120所示，该复选框仅在选择"白色"背景时生效。

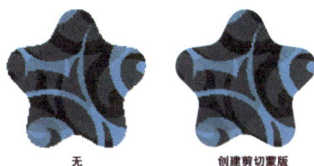

无　　　　创建剪切蒙版

图7-120

● 添加环绕对象：设置该选项后，可以扩展栅格化位图的边缘，如图7-121所示。

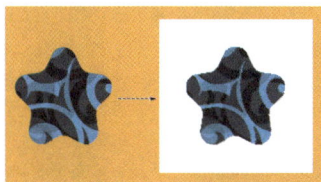

图7-121

技巧与提示

"对象>栅格化"菜单命令是不可逆操作；"效果>栅格化"菜单命令是可逆操作，可以在"外观"面板中重新编辑或删除该效果。

7.3 课后习题

7.3.1 绘制扁平化ICON

效果文件位置	实例文件>CH07>课后习题>绘制扁平化ICON.ai
素材文件位置	无
技术掌握	掌握"外观"面板的使用

习题要求：绘制扁平化ICON，效果如图7-122所示。

图7-122

参考步骤

（1）使用"圆角矩形工具"绘制3个圆角矩形，并填充不同的颜色，如图7-123所示。

图7-123

（2）选择最小的圆角矩形，然后在"外观"面板中单击"添加新效果"按钮 **fx.**，在弹出的菜单中选择"风格化>内发光"命令，如图7-124所示。在打开的"内发光"对话框中，设置内发光参数，如图7-125所示，绘制出对象内部的投影效果，如图7-126所示。

图7-124

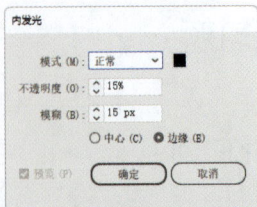

图7-125　　　　　　　　图7-126

图7-132

（3）使用"椭圆工具"绘制反光效果，如图7-127所示。然后，使用"多边形工具"绘制三角形按钮，并使用"直接选择工具"将三角形的顶点修改为圆角，如图7-128和图7-129所示。

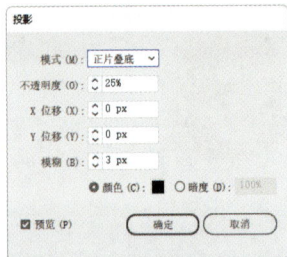

图7-127　　　　图7-128　　　　图7-129

（4）选中三角形按钮图形，然后在"外观"面板中单击"添加新效果"按钮 **fx.**，在弹出的菜单中选择"风格化>投影"命令，在打开的"投影"对话框中设置投影参数，如图7-130所示。绘制出三角形按钮图形的投影。最终效果如图7-131所示。

图7-130　　　　　　　图7-131

7.3.2　绘制App天气界面UI

效果文件位置	实例文件>CH07>课后习题>绘制App天气界面UI.ai	
素材文件位置	素材文件>CH07>课后习题> 02.pdf	课后习题：绘制App天气界面UI
技术掌握	掌握效果菜单的应用	

习题要求：绘制App天气界面UI，效果如图7-132所示。

参考步骤

（1）导入素材，使用"文字工具"和"椭圆工具"绘制界面顶部的导航对象，如图7-133所示。然后将云朵与界面对象创建"剪切蒙版"对象，如图7-134所示。

图7-133

图7-134

（2）使用"椭圆工具"绘制一个圆形，如图7-135所示。然后依次执行"效果>风格化>内发光"菜单命令和"效果>风格化>外发光"菜单命令，并设置"内发光"和"外发光"的参数，如图7-136和图7-137所示，即可得到太阳图形，效果如图7-138所示。

图7-135

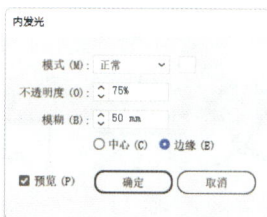

图7-136

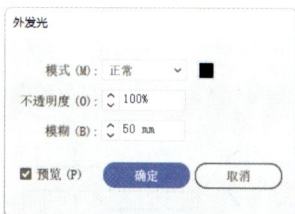

图7-137

图7-138

（3）使用"文字工具"、"圆角矩形工具"和"直线段工具"绘制具体的天气预报内容，如图7-139所示。

图7-139

（4）使用"文字工具"调整部分文字内容，然后导入天气图标素材，并对图标进行调整。最终效果如图7-140所示。

图7-140

本章主要介绍"混合工具"、"图表工具"和"图像描摹"的使用方法。

🎯 **学习重点**

● 混合工具 　　　　　　　　　　　　● 图像描摹

8.1 混合工具

混合工具  用于在两个或多个对象之间创建颜色和形状的平滑过渡效果。

8.1.1 课堂案例：绘制父亲节主标题

效果文件位置	实例文件>CH08>课堂案例>绘制父亲节主标题.ai
素材文件位置	无
技术掌握	掌握混合工具的应用

课堂案例：绘制父亲节主标题

本案例绘制的父亲节主标题效果如图8-1所示。

图8-1

（1）使用"文字工具"在页面空白处输入"父亲节"字样，设置字体为"方正粗圆简体"、字体大小为138pt，如图8-2所示。接着使用"钢笔工具"绘制出文字的路径，如图8-3所示。

父亲节

图8-2

图8-3

（2）删除文字对象，仅保留路径部分。接着使用"直接选择工具"和"螺旋线工具"绘制出路径的延伸部分，如图8-4所示。然后，使用"直接选择工具"微调路径，如图8-5所示。

图8-4

图8-5

（3）使用"椭圆工具"在页面空白处绘制2个直径为12px的圆形，然后使用"渐变工具"绘制线性渐变效果，设置位置0的颜色为蓝色（R:0，G:253，B:206）、位置100的颜色为深蓝色（R:8，G:167，B:252），如图8-6所示。然后使用"混合工具"绘制混合效果，设置"混合选项"中的间距为指定的距离0.3px，效果如图8-7所示。

图8-6

图8-7

（4）复制若干个混合效果对象，接着依次选中一个混合对象和一条路径，执行"对象>混合>替换混合轴"菜单命令，效果如图8-8所示。（其中"亲"的3个点使用圆形替换）。然后使用"直接选择工具"微调混合效果，如图8-9所示。

图8-8

图8-9

（5）选中所有对象进行编组，复制一份后，执行"对象>混合>扩展"菜单命令拆分混合对象。最后，使用"路径查找器"中的"联集"命令创建复合路径，如图8-10所示。

图8-10

（6）选中刚才绘制的复合路径，执行"对象>路径>路径偏移"菜单命令，设置位移为7px，效果如图8-11所示。接着删除最上层的复合路径，再选中刚才绘制的对象再使用"路径查找器"中的"联集"命令创建复合路径，设置该复合路径的填色为紫色（R:46，G:49，B:146），然后将其置于最底层，如图8-12所示。

图8-11

图8-12

（7）使用"直接选择工具"删除底层对象的

部分锚点，如图8-13所示。接着，使用"渐变工具"绘制线性渐变效果，设置角度为-90°，设置位置0的颜色为深蓝色（R:0，G:113，B:188）、位置100的颜色为紫色（R:27，G:20，B:100），如图8-14所示。

图8-13

图8-14

（8）选中最底层对象，执行"对象>路径>路径偏移"菜单命令，设置位移为6px，创建新对象，接着设置该对象的填色为蓝色（R:41，G:171，B:226），如图8-15所示。接着，选中最上层的"父亲节"字样，在"外观"面板中添加"外发光"效果，如图8-16所示，效果如图8-17所示。

图8-15

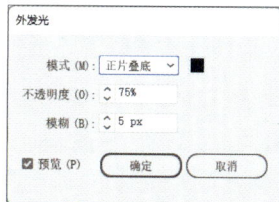

图8-16

图8-17

（9）使用"文字工具"输入"HAPPY FATHER'S DAY"字样，并设置字体为"方正雅珠体"，将其分成2行，设置字体填色为蓝色（R:41，G:171，B:226），效果如图8-18所示。然后在"符号"面板中找到一个"爱心"符号，并将其移动到主对象中，最终效果如图8-19所示。

图8-18

图8-19

8.1.2 创建混合效果

创建混合效果有两种方法：使用菜单命令创建或者使用"混合工具"创建。

1. 使用菜单命令创建

选中需要创建混合效果的2个对象，执行"对象>混合>建立"菜单命令即可创建混合效果，如图8-20所示。

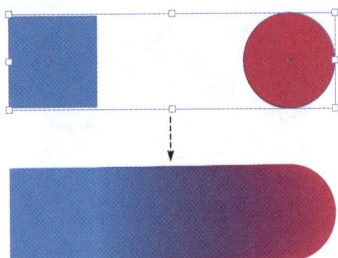
图8-20

2. 使用"混合工具"创建

在工具栏中选择"混合工具" ，首先在第一个对象上单击鼠标，然后在第二个对象上再次单击鼠标，即可创建混合效果，如图8-21所示。

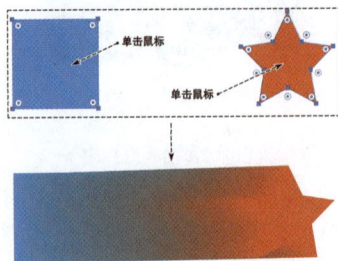
图8-21

8.1.3 编辑混合效果

执行"对象>混合>混合选项"菜单命令，或双击工具栏中的"混合工具"按钮，以打开"混合选项"对话框，如图8-22所示。

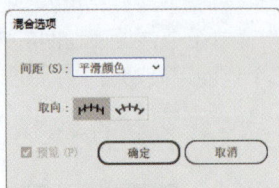
图8-22

混合选项介绍

- 间距：即混合过渡的方式，在后面的下拉列表中可以选择"平滑颜色"、"指定的步数"和"指定的距离"3种混合方式，如图8-23所示。

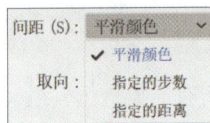
图8-23

- 平滑颜色：通过颜色为最佳过渡效果创建混合对象。
- 指定的步数：通过自定义的混合步数创建混合对象。
- 指定的距离：通过自定义的距离创建混合对象，该距离特指单个混合步数的距离，如图8-24所示。

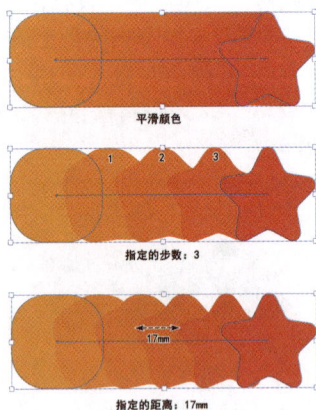
图8-24

- 对齐页面 ：使混合对象垂直于页面。
- 对齐曲线 ：使混合对象垂直于路径，如图8-25所示。

对齐页面　　　　　　对齐曲线

图8-25

8.1.4　编辑混合轴

1.　替换混合轴

在默认情况下，新创建的混合对象的混合轴是一条直线段。此时，选中混合对象和另一条路径，执行"对象>混合>替换混合轴"菜单命令即可完成混合轴的替换，如图8-26所示。

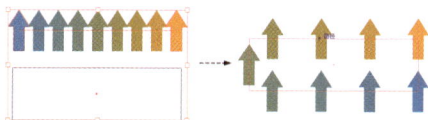

图8-26

💡 技巧与提示

创建完混合对象之后，我们可以使用路径编辑工具直接编辑混合轴（路径），从而创建更丰富的混合效果，如图8-27所示。

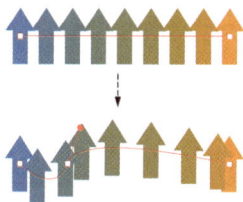

图8-27

2.　反向混合轴

选中混合对象，执行"对象>混合>反向混合轴"菜单命令即可反转混合轴的方向，如图8-28所示。

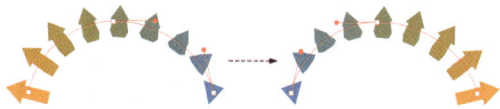

图8-28

3.　反向堆叠

反向堆叠即颠倒混合对象的堆叠顺序，选中混合对象，执行"对象>混合>反向堆叠"菜单命令即可颠倒混合对象的堆叠顺序，如图8-29所示。

图8-29

8.1.5　释放混合对象

选中混合对象后，执行"对象>混合>释放"菜单命令，即可释放混合对象，如图8-30所示。

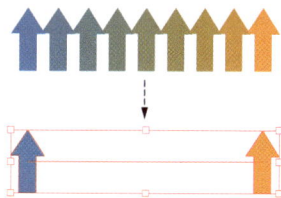

图8-30

8.1.6　扩展混合对象

选中混合对象后，执行"对象>混合>扩展"菜单命令，即可将混合对象中的所有对象拆分为单个可编辑的图形，如图8-31所示。

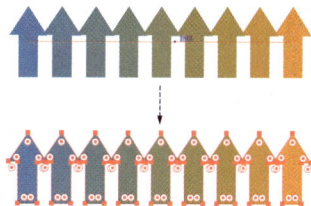

图8-31

8.2　图表工具

"图表工具"用于绘制各种图表样式的图形对象。单击工具栏中的"编辑工具栏"按钮 •••，弹出所有的图形工具面板。该面板包含"柱形图工具"、"堆积柱形图工具"、"条形图工具"、"堆积条形图工具"、"折线图工具"、"面积图工具"、"散点图工具"、"饼图工具"和"雷达图工具"这9种图形工具，如图8-32所示。

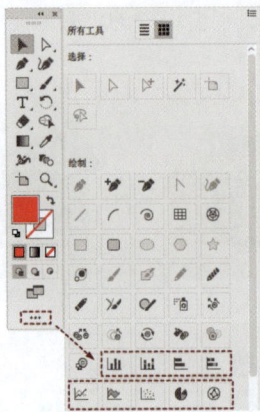

图8-32

8.2.1 课堂案例：绘制年度销售龙虎榜

效果文件位置	实例文件>CH08>课堂案例>绘制年度销售龙虎榜.ai
素材文件位置	素材文件>CH08>课堂案例>销售榜.jpg
技术掌握	掌握混合工具的应用

课堂案例：绘制年度销售龙虎榜

本案例中绘制的年度销售龙虎榜效果如图8-33所示。

图8-33

（1）打开"销售榜.jpg"素材，单击工具栏中的"编辑工具栏"按钮 ，在展开的工具面板中，单击"柱形图工具"按钮 ，如图8-34所示。然后，在图形右下方的空白处绘制一个矩形框，作为创建柱形图的区域，如图8-35所示。

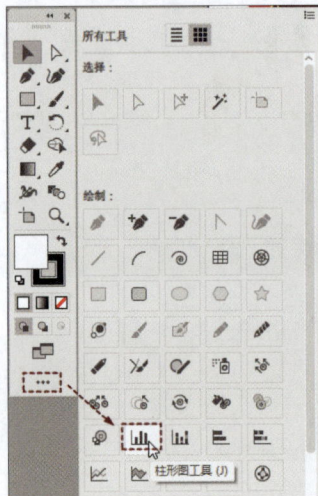

图8-34

图8-35

（2）在打开的图表数据窗口中，单击"单元格样式"按钮 ，如图8-36所示。然后在打开的"单元格样式"对话框中，将小数位数设置为0，如图8-37所示。

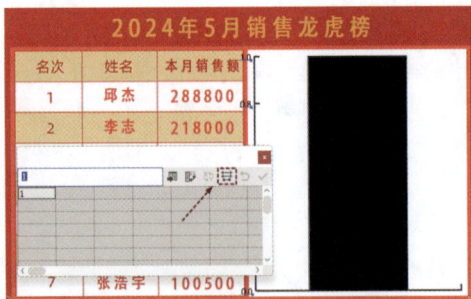

图8-36

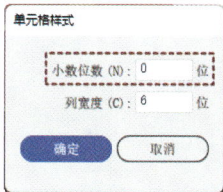

图8-37

（3）在数据窗口中输入图表数据，如图8-38所示，然后单击"应用"按钮 ✔ 即可创建图表对象，如图8-39所示。

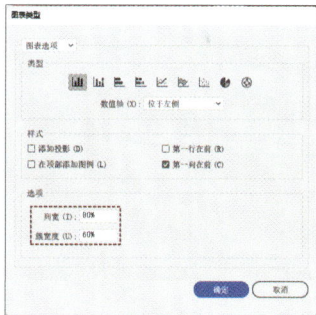

图8-38

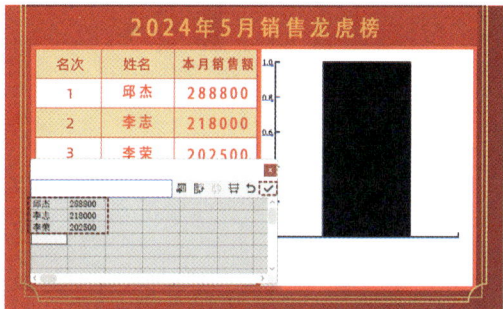

图8-39

（4）选中图表对象，单击鼠标右键，在弹出的菜单中选择"类型"命令，如图8-40所示。然后，在打开的"图表类型"对话框中修改列宽和簇宽度，如图8-41所示。

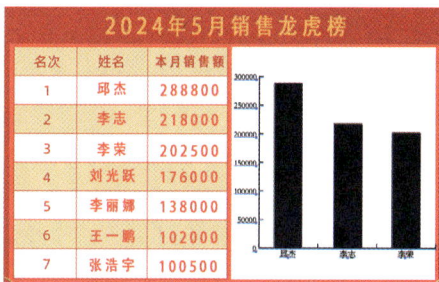

图8-40

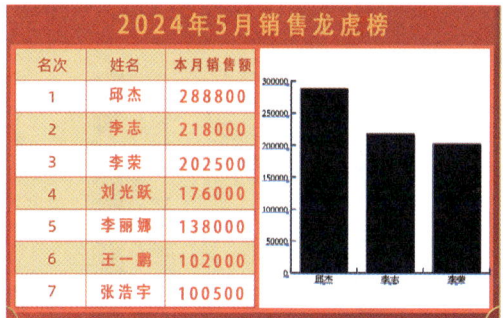

图8-41

（5）修改列宽和簇宽度后的效果如图8-42所示。接着，将图表的颜色修改为红色，如图8-43所示。

图8-42

图8-43

（6）选择工具栏中的"直接选择"工具，然后选择图表下方的姓名文字，将其适当向下拖曳，如图8-44所示。最后，在控制栏中修改姓名文字的字体和字号大小，如图8-45所示，即可完成本例的制作。

图8-44

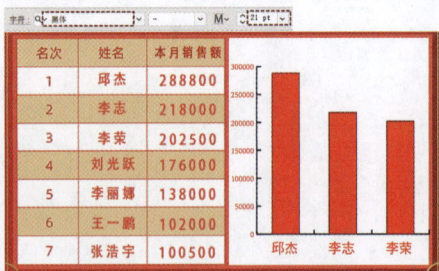

图8-45

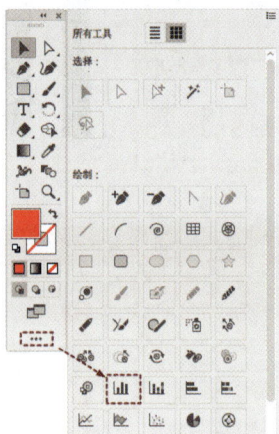

图8-48

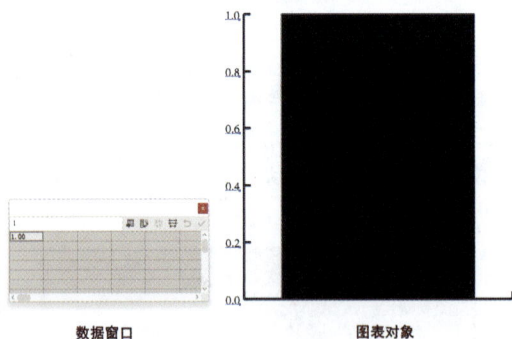

图8-49

8.2.2　绘制图表

单击工具栏中的"编辑工具栏"按钮 ••• ，在展开的工具面板中选择一种图形工具（如"柱形图工具" ），如图8-46所示。然后在页面空白处按住鼠标左键进行拖曳，松开鼠标左键后会弹出"数据窗口"和"图表对象"，如图8-47所示。

8.2.3　更改图表类型

选中图表对象，单击鼠标右键，在弹出菜单中选择"类型"命令，如图8-50所示，打开"图表类型"对话框。然后在"类型"中选择所需的图表类型，如图8-51所示。

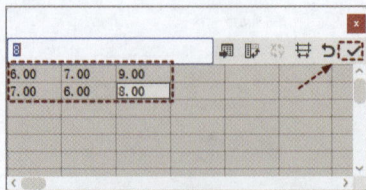

图8-46

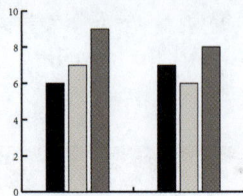

图8-47

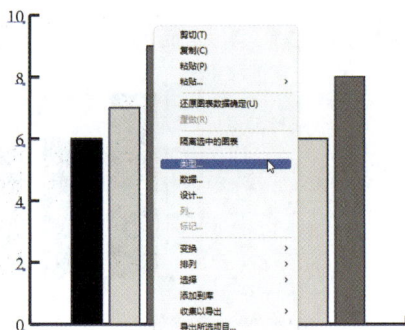

图8-50

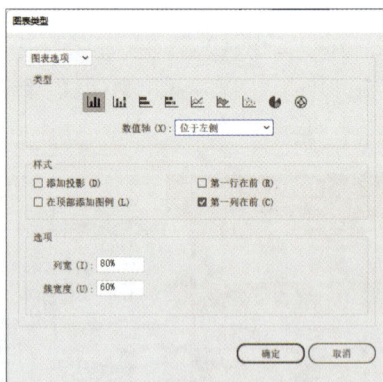

图8-51

在"数据窗口"内输入数值，然后单击"数据窗口"右上角的"应用"按钮 完成图形的绘制，如图8-48所示。创建的柱形图效果如图8-49所示。

在图表类型中，可以选择"柱形图工具""堆积柱形图工具""条形图工具""堆积条形图工具""折线图工具""面积图工具""散点图工

具""饼图工具""雷达图工具"这9种图形。各种图形的效果如图8-52所示

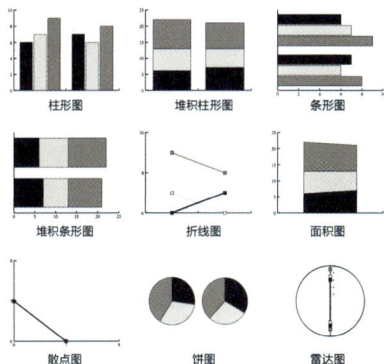

图8-52

8.2.4 调整图表数据

选中图表对象，单击鼠标右键，在弹出的菜单中选择"数据"命令，打开"数据窗口"，即可调整图表的数据数值。

8.3 图像描摹

图像描摹功能可以将位图转换为矢量图形，通过图像描摹功能可以快速将位图中所需的图像元素创建为所需的矢量图形。

8.3.1 课堂案例：绘制新年祝福文字

效果文件位置	实例文件>CH08>课堂案例>绘制新年祝福文字.ai
素材文件位置	素材文件>CH08>课堂案例>新年祝福文字.jpg、背景.jpg
技术掌握	掌握图像描摹的应用

课堂案例：绘制新年祝福文字

本案例中绘制的新年祝福文字效果如图8-53所示。

图8-53

（1）打开"新年祝福文字.jpg"素材，如图8-54所示，执行"对象>图像描摹>建立"菜单命令建立图像描摹，效果如图8-55所示。

图8-54 　　　　　　　　图8-55

（2）执行"窗口>图像描摹"菜单命令打开"图像描摹"面板，单击"自动着色"按钮，如图8-56所示，对图像描摹对象进行着色，效果如图8-57所示。

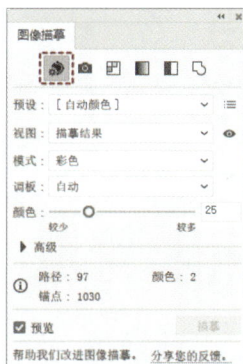

图8-56 　　　　　　　　图8-57

（3）执行"对象>图像描摹>扩展"菜单命令后，得到矢量图形，如图8-58所示。然后，拖曳文字背景图形将背景和文字分离，如图8-59所示。

图8-58 　　　　　　　　图8-59

（4）选择文字背景图形，按Delete键将其删除，但文字仍有一些背景颜色未被删除，效果如图8-60所示。将鼠标指针放置于文字对象上并单击鼠标右键，在弹出的快捷菜单中选择"取消编组"命令，如图8-61所示。

（5）在"图层"面板中展开文字所在的图层，选择多余图形的子图层，然后单击"删除所

选图层"按钮 🗑 ，如图8-62所示。删除多余图
形后的效果如图8-63所示。

（6）导入"背景.jpg"素材，然后右键单击背
景图像，在弹出的菜单中选择"排列>置于底层"命
令，如图8-64所示。这样可以将背景放置在文字图
形的下一层，完成本例的制作，效果如图8-65所示。

图8-60

图8-61

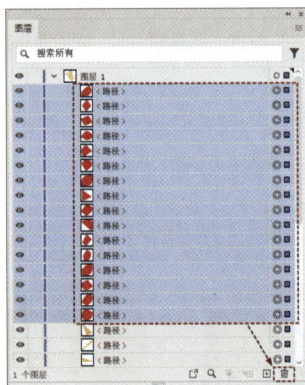

图8-62

图8-63

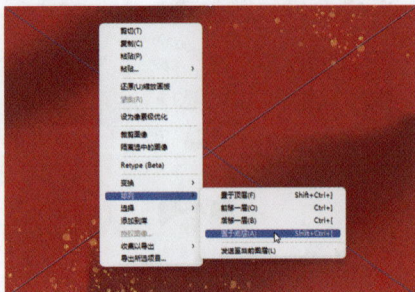

图8-64

图8-65

8.3.2 创建图像描摹

选中需要创建为矢量图的位图，可以执行"对
象>图像描摹>建立"菜单命令创建图像描摹，
也可以执行"窗口>图像描摹"菜单命令打开"图
像描摹"面板，在"图像描摹"面板中创建图像
描摹，如图8-66所示。选中需要创建图像描摹
的位图，在"图像描摹"面板中单击"自动着色"
按钮 🔲 ，即可创建描摹对象，如图8-67所示。

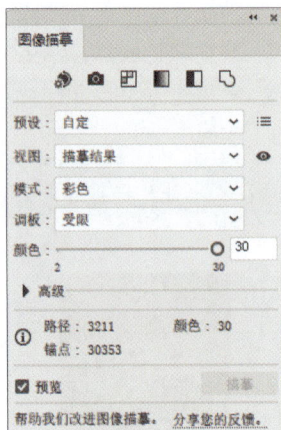

图8-66

图8-67

"图像描摹"面板选项介绍

● 快速描摹预设按钮：快速描摹预设按钮包括"自动着色"、"高色"、"低色"、"灰度"、"黑白"、"轮廓"6种预设按钮，效果如图8-68所示。

图8-68

◆ 自动着色：从位图中创建色调分离的图形。

◆ 高色：创建具有真实感的高保真图形。

◆ 低色：创建简化的真实感图形。

◆ 灰度：将位图描摹到灰色背景中。

◆ 黑白：将位图简化为黑白图形。

◆ 轮廓：将位图简化为轮廓图。

● 预设：单击后面的下拉列表，可以选择程序预设的描摹效果，如图8-69所示，效果如图8-70所示。

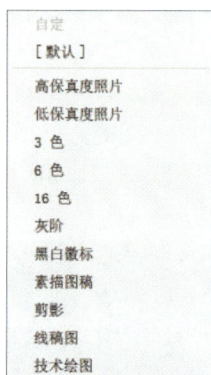

图8-69

● 视图：单击后面的下拉列表可以选择描摹对象的显示效果（不包括描摹结果）。

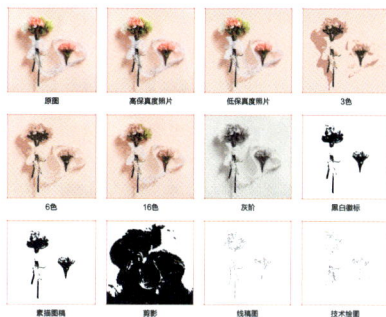

图8-70

● 模式：单击后面的下拉列表可以选择描摹结果的颜色模式，包括"彩色"、"灰度"和"黑白"3种样式，如图8-71所示。

图8-71

● 调板：单击后面的下拉列表以生成描摹的调板，包括"自动"、"受限"、"全色调"和"文档库"4种效果，如图8-72所示。该功能需要与下面的"颜色"滑块配合使用，如图8-73所示。

图8-72

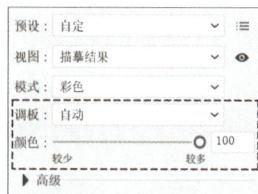

图8-73

● 高级：单击"高级"选项组前面的三角形按钮，可以展开"高级"选项组中的参数选项。

◆ 路径：设置描摹结果中路径的疏密程度，该数值越高，描摹对象的拟合度越高。

◆ 边角：设置描摹结果中的角点数量，该数值越高，角点越多。

◆ 杂色：设置描摹时忽略的像素区域，该数值越大，描摹结果的杂色越少。

- 方法：可以选择描摹方式，包括"邻接"和"重叠"两种方式。
- 填色：选中此复选框，可在描摹结果中创建填色区域。

8.4 课后习题

请运用所学知识进行课后练习。通过"绘制蓝色画册封面"和"绘制红色画册封面"这两个案例，巩固混合工具的使用方法和技巧。

8.4.1 绘制蓝色画册封面

效果文件位置	实例文件>CH08>课后习题>绘制蓝色画册封面.ai
素材文件位置	无
技术掌握	掌握混合工具的应用

课后习题：绘制蓝色画册封面

习题要求：绘制一个蓝色画册封面，效果如图8-75所示。

图8-75

参考步骤
（1）使用"矩形工具"和"渐变工具"绘制画

册的底图，如图8-76所示。接着使用"曲率工具"绘制2条路径，如图8-77所示。然后使用"混合工具"创建2条路径的混合效果，如图8-78所示。

图8-76

图8-77

图8-78

（2）复制2个混合对象，如图8-79所示。接着复制一个底图对象，然后将其与混合对象创建剪切蒙版，如图8-80所示。

图8-79

图8-80

（3）使用"文字工具"和"矩形工具"绘制封面和封底，如图8-81所示。

图8-81

（4）使用"不透明蒙版"绘制画册封面的光泽部分，如图8-82和图8-83所示。然后使用"不透明蒙版"功能绘制封底的阴影效果，最终效果如图8-84所示。

图8-82

图8-83

图8-84

8.4.2　课后习题：绘制红色画册封面

效果文件位置	实例文件>CH08> 课后习题>绘制红 色画册封面.ai
素材文件位置	无
技术掌握	掌握混合工具的 应用

课后习题：绘制
红色画册封面

习题要求：绘制一个红色画册封面，效果如图8-85所示。

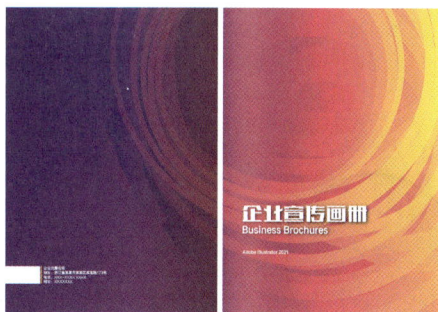

图8-85

参考步骤

（1）使用"铅笔工具"和"椭圆工具"绘制一个闭合路径和一个圆形，如图8-86所示。接着使用"渐变工具"制作描边的渐变效果，如图8-87所示。然后使用"旋转扭曲工具"将圆形对象转换为旋转扭曲效果，如图8-88所示。

图8-86　　　　图8-87　　　　图8-88

（2）使用"混合工具"创建混合对象，如图8-89所示。然后适当调整2个对象的位置，如图8-90所示。

图8-89　　　　图8-90

（3）使用"矩形工具"绘制底图对象，并将其与混合对象创建剪切蒙版，如图8-91所示。

图8-91

（4）适当调整内部对象的大小和位置，如图8-92所示。接下来，添加文字对象、光泽、阴影效果。最终效果如图8-93所示。

图8-92

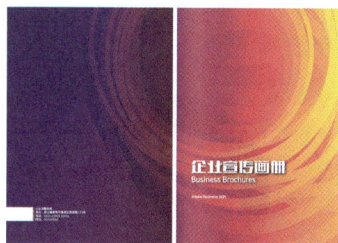

图8-93

第9章 综合案例

本章主要对 Illustrator 在商业领域中的具体应用进行讲解。

9.1 绘制商务名片

效果文件位置	实例文件>CH09>综合案例>绘制商务名片.ai
素材文件位置	无
技术掌握	掌握Illustrator在商业领域中的综合应用

综合案例：绘制商务名片

本案例中绘制的商务名片效果如图9-1所示。

图9-1

（1）新建一个CMYK颜色模式的文档，使用"椭圆工具"绘制一个直径为30mm的圆形，设置描边粗细为16pt，如图9-2所示。

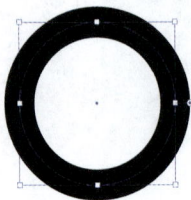

图9-2

（2）执行"轮廓化描边"菜单命令，将该对象转换为圆环，如图9-3所示。然后使用"渐变工具"绘制径向渐变效果，设置位置0的颜色为橙色（C:0，M:35，Y:85，K:0）、位置100的颜色为红色（C:0，M:80，Y:95，K:0），如图9-4所示。

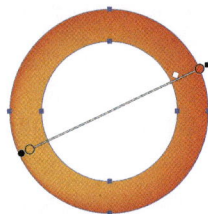

图9-3   图9-4

（3）复制一个圆环，然后使用"椭圆工具"绘制一个直径为31.5mm的圆形，如图9-5所示。

（4）使用"路径查找器"面板中的"交集"功能创建新对象，然后使用"渐变工具"绘制线性渐变效果。将位置0的颜色设置为灰色（C:0，M:0，Y:0，K:70）、位置100的颜色设置为黑色（C:84，M:76，Y:67，K:43），如图9-6所示。

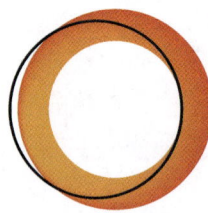

图9-5   图9-6

（5）使用"椭圆工具"绘制一个宽37mm、高34mm的椭圆，如图9-7所示。然后参照前面的步骤创建复合对象，并使用"渐变工具"绘制线性渐变效果，设置位置0的颜色为浅灰色

（C:0，M:0，Y:0，K:60）、位置73的颜色为深灰色（C:0，M:0，Y:0，K:88）、位置100的颜色为黑色（C:0，M:0，Y:0，K:90），如图9-8所示。

图9-7

图9-8

> **技巧与提示**
>
> 图中标记的位置可以使用"边角构件"控件来绘制圆角效果。

（6）使用"椭圆工具"绘制一个直径为26mm的圆形，如图9-9所示。然后将底图中的橙色对象复制一个，加选刚刚绘制的圆形，使用"路径查找器"中的"交集"功能创建新的复合对象。并设置该对象的填色为白色（C:0，M:0，Y:0，K:0）、不透明度为15%、混合模式为"变亮"，如图9-10所示。

图9-9

图9-10

（7）将所有对象逆时针旋转30°，然后使用"椭圆工具"在主对象的左下角绘制一个直径为11mm的圆形，如图9-11所示。接着，使用"渐变工具"制作径向渐变效果，设置位置10的颜色为浅灰色（C:0，M:0，Y:0，K:20）、位置63的颜色为灰色（C:0，M:0，Y:0，K:60）、位置100的颜色为深灰色（C:0，M:0，Y:0，K:80），如图9-12所示。

（8）绘制两个较小的椭圆形，设置填色为白色（C:0，M:0，Y:0，K:0）、"不透明度"为20%，如图9-13所示。

图9-11

图9-12

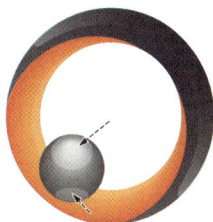
图9-13

（9）将左下角的圆形复制一遍，设置其直径为14mm。再复制一次直径为14mm的圆形，如图9-14所示。然后使用"路径查找器"中的"减去顶层"功能将圆形和底图创建复合对象，如图9-15所示。

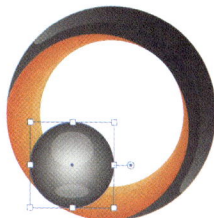
图9-14

图9-15

（10）使用"边角构件"控件绘制图示中的圆角效果，完成Logo的绘制，如图9-16所示。

图9-16

（11）在页面空白处使用"矩形工具"绘制一个宽58mm、高94mm的矩形，将刚才绘制的Logo对象移动到矩形的上部，然后使用"文字工具"输入公司的中文名称和英文名称，设置字体均为"方正兰亭大黑"、填色均为黑色，设置中文的字体大小为9pt、英文的字体大小为3pt，效果如图9-17所示。

图9-17

技巧与提示

名片是一种常用的印刷品，其"出血"大小一般设置为2mm。名片有多种规格（横竖均可），常用名片的规格如图9-18所示。

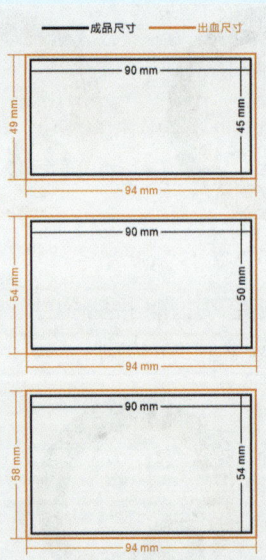

图9-18

（12）使用"矩形工具"绘制一个宽58mm、高53mm的矩形，并设置填色为黑色（C:84，M:76，Y:67，K:43），如图9-19所示。然后使用"锚点工具"调整该矩形顶部两个顶点的控制手柄，效果如图9-20所示。接下来，复制一个调整后的矩形，并使用"锚点工具"再次调整其顶部两个顶点的控制手柄，设置填色为橘黄色

（C:1，M:40，Y:87，K:0），效果如图9-21所示。

图9-19

图9-20

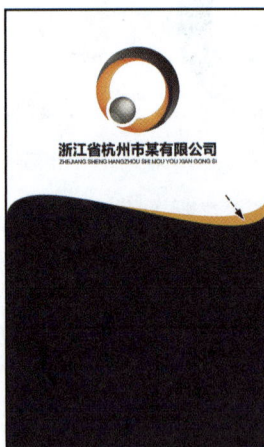

图9-21

（13）使用"椭圆工具"绘制3个直径为6.35mm的圆形，设置描边色为橘黄色（C:1，M:40，Y:87，K:0），如图9-22所示。

图9-22

（14）参照图9-23所示的效果，在"符号"面板中的"网页图标"符号库中，将3个符号拖曳到页面中，与刚才绘制的圆形中心对齐。然后，右键单击符号图标，在弹出的菜单中执行"断开符号链接"命令，并设置符号图标的填色为橘黄色（C:1，M:40，Y:87，K:0）。

图9-23

（15）使用"文字工具"输入联系方式、网址和地址等文字内容，设置字体为"方正兰亭黑"、字体大小为6pt、字体填色为白色（C:0，M:0，Y:0，K:0），如图9-24所示。

（16）输入人名、职务等文字内容，设置字体为"方正兰亭黑"，其中，人名的字体大小为10pt、职务的"字体大小"为6pt，字体填色均为白色（C:0，M:0，Y:0，K:0），然后将部分对象进行编组，与底图水平居中对齐，如图9-25所示。至此，名片正面的设计已完成。

图9-24

图9-25

（17）使用"矩形工具"在页面空白处绘制一个宽58mm、高94mm的矩形。然后，将LOGO对象复制一次，将其放在矩形的中心，并调整其大小为21mm×21mm，如图9-26所示。

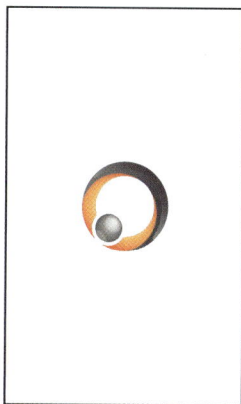

图9-26

（18）继续复制一个LOGO对象，调整其大小为47mm×47mm，然后在"颜色参考"面板中单击"编辑或应用颜色"按钮，打开"重新着色图稿"对话框，将复制的LOGO重新着色为灰色，如图9-27所示。最后，设置其不透明度为7%，如图9-28所示。

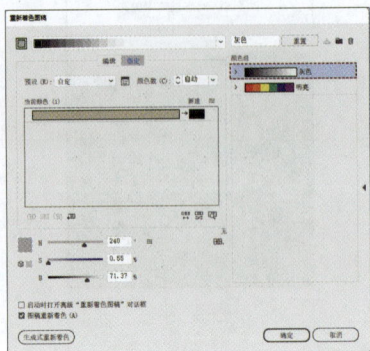

图9-27

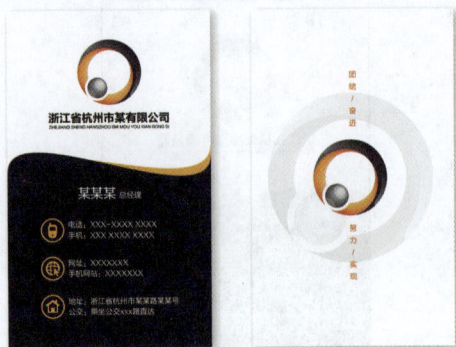

图9-30

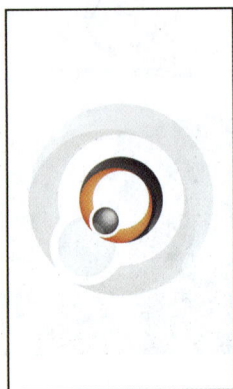

图9-28

（19）使用"直排文字工具"输入文字内容，设置字体为"方正兰亭黑"、字体大小为6pt、字体填色为橘红色（C:0，M:80，Y:95，K:0），然后与主图中心对齐，如图9-29所示，至此，名片背面的绘制已完成。本案例的最终效果如图9-30所示。

9.2 绘制促销单页

效果文件位置	实例文件>CH09>综合案例>绘制促销单页.ai
素材文件位置	无
技术掌握	掌握Illustrator在商业领域中的综合应用

综合案例：绘制促销单页

本案例绘制的促销单页效果如图9-31所示。

图9-31

（1）新建一个CMYK颜色模式的文档，使用"矩形工具"分别绘制一个宽216mm、高291mm

图9-29

的矩形和一个宽210mm、高285mm的矩形。然后选中较小的矩形，单击鼠标右键，在弹出的菜单中选择"建立参考线"命令。再选中大的矩形，使用"渐变工具"绘制线性渐变效果，设置角度为-90°，设置位置0的颜色为红色（C:0，M:100，Y:100，K:0）、位置100的颜色为深红色（C:35，M:100，Y:100，K:10），效果如图9-32所示。

（2）使用"文字工具"输入文字内容，设置字体为"方正兰亭中粗黑"、填色为白色（C:0，M:0，Y:0，K:0），如图9-33所示。

图9-32　　　　　　　　图9-33

（3）复制底图中的矩形，将其置于顶层，再加选文字对象，创建剪切蒙版，然后在剪切组内将文字对象逆时针旋转17°，效果如图9-34所示。使用"投影"功能为文字添加投影效果，如图9-35所示，并适当调整文字对象的大小，效果如图9-36所示。

 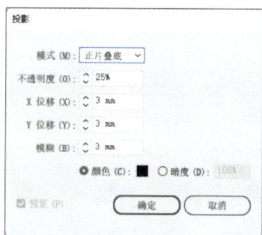

图9-34　　　　　　　　图9-35

（4）在剪切组内将下方的一行文字对象复制

两次，分别移动到底图的上部和底部，设置填色为黑色（C:100，M:100，Y:100，K:100）、不透明度为7%，效果如图9-37所示。

 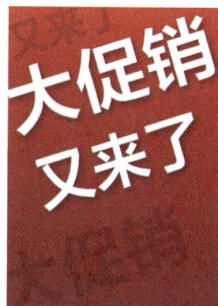

图9-36　　　　　　　　图9-37

（5）使用"文字工具"在主对象的左上角输入"精/选/尚/品/抢/不/停"字样，设置字体为"方正兰亭黑"、字体大小为14pt、填色为白色（C:0，M:0，Y:0，K:0），如图9-38所示。再输入"Jing Xuan Shang Pin Qiang Bu Ting"字样，设置字体为"方正兰亭黑"、字体大小为6pt、填色为白色（C:0，M:0，Y:0，K:0），效果如图9-39所示。

图9-38

图9-39

（6）使用"椭圆工具"绘制一个直径为6mm的圆形，设置描边颜色为白色，无填充颜色，如图9-40所示。

图9-40

（7）使用"文字工具"在主对象的左下角输入"50% 直减"字样，设置字体为"方正兰亭黑"、字体大小为51pt、填色为白色（C:0，M:0，Y:0，K:0），如图9-41所示。

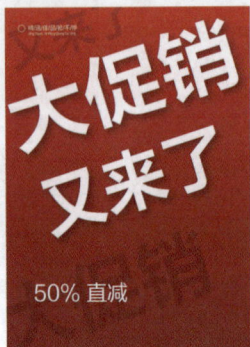

图9-41

（8）使用"文字工具"输入"机会不容错过，快来抢购吧!"字样，设置字体为"方正兰亭黑"、字体大小为17pt、填色为白色（C:0，M:0，Y:0，K:0），接着输入地址文字，设置字体为"方正兰亭黑"、字体大小为8pt、填色为白色（C:0，M:0，Y:0，K:0），如图9-42所示。

图9-42

（9）使用"直线段工具"和"符号"面板绘制文字对象之间的小组件，效果如图9-43所示。

图9-43

（10）使用"矩形工具"绘制一个宽50mm、高80mm的矩形，如图9-44所示。使用"钢笔工具"在顶边添加一个锚点，再使用"直接选择工具"将该锚点向上垂直移动20mm，如图9-45

所示。然后使用"边角构件"为该对象创建5个圆角，如图9-46所示。

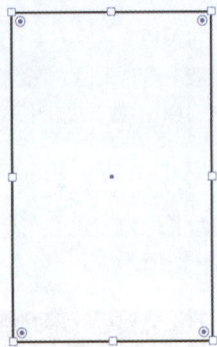
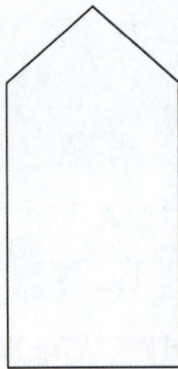

图9-44　　　　　图9-45

（11）使用"偏移路径"命令创建一个"位移"为3mm的闭合路径，设置该对象的填色为淡黄色（C:2，M:12，Y:27，K:0），接着将原闭合路径的填色设置为绿色（C:59，M:18，Y:38，K:17），如图9-47所示。

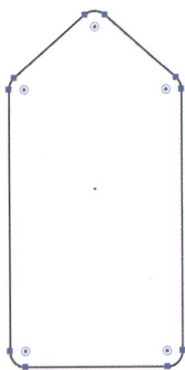
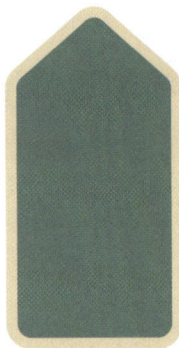

图9-46　　　　　图9-47

（12）使用"文字工具"输入"50"字样，设置字体为"方正兰亭粗黑简体"、字体大小为95pt、填色为白色（C:0，M:0，Y:0，K:0），并与主对象水平居中对齐。最后在"0"内输入"%"字符，如图9-48所示。

（13）使用"文字工具"输入"全场直减"字样，设置字体为"方正兰亭黑"、字体大小为30pt、填色为白色（C:0，M:0，Y:0，K:0），如图9-49所示。

（14）复制一个绿色的闭合路径，使用"直接选择工具"移除顶部的锚点，然后将顶部的锚点向下移动，接着设置该对象的填色为蓝色（C:82，M:65，Y:7，K:0），如图9-50所示。

图9-48

图9-49

（15）使用"文字工具"输入"满200减100满300减200"字样，设置字体为"方正兰亭黑"、字体大小为21pt、填色为白色（C:0，M:0，Y:0，K:0），如图9-51所示。

图9-50

图9-51

（16）使用"椭圆工具"绘制一个直径为8mm的圆形，复制一个，然后使用"路径查找器"中的"减去顶层"功能，将这两个圆形分别与底图的两个闭合路径创建复合对象，如图9-52所示。

（17）绘制一个直径为10mm的圆形，设置描边色为淡黄色（C:2，M:12，Y:27，K:0）、描边粗细为5pt，并与之前的圆孔中心对齐。接着，将图示中的所有对象编组，完成标签的绘制，如图9-53所示。

图9-52

图9-53

（18）将标签移动到主对象的右下角，并逆时针旋转5.5°，然后使用"钢笔工具"绘制标签的挂绳，如图9-54所示。

（19）选中标签对象，将其复制一个到下一层，适当向右下角移动一定的距离，设置填色为黑色（C:100，M:100，Y:100，K:100）、不透明度为25%，最后删除参考线，最终效果如图9-55所示。

图9-54

图9-55

技巧与提示

本例绘制的促销单页印刷所使用的纸张为157g铜版纸或200g铜版纸。

9.3 绘制国潮风格banner

效果文件位置	实例文件>CH09>综合案例>绘制国潮风格banner.ai
素材文件位置	素材文件>CH09>综合案例> 01.psd；02.ai
技术掌握	掌握Illustrator在商业领域中的综合应用

综合案例：绘制国潮风格banner

本案例绘制的国潮风格banner效果如图9-56所示。

图9-56

（1）新建一个RGB颜色模式的文档，使用"椭圆工具"和"直接选择工具"绘制底纹图案的样式，设置该对象的描边色为绿色（R:21，G:91，B:99），如图9-57所示。接着，在"图案选项"对话框中将该对象添加为新图案，如图9-58所示。

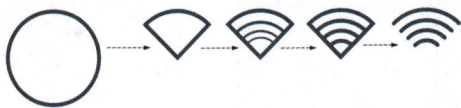
图9-57

图9-58

（2）使用"矩形工具"绘制一个宽1920px、高1080px的矩形，并将刚才添加的图案填充到该矩形内，如图9-59所示。

（3）使用"矩形工具"绘制一个宽1920px、高1080px的矩形，设置填色为绿色（R:0，G:150，B:139），将该矩形置于底层，然后将前面绘制的图案的不透明度设置为25%，最后将两个对象中心对齐，如图9-60所示，完成底图的绘制。

图9-59

图9-60

（4）使用"椭圆工具"依次绘制3个直径为1080px、1043px和949px的圆形，设置最小的圆形的描边粗细为45pt。接着使用"轮廓化描边"命令将最小圆形转换为圆环，如图9-61所示。

（5）使用"渐变工具"制作3个对象的线性渐变效果：设置角度均为-90°。设置最大圆形位置0的颜色为绿色（R:80，G:137，B:147）、位置100的颜色为深绿色（R:30，G:71，B:80）；设置中间圆形位置0的颜色为红色（R:235，G:76，B:13）、位置100的颜色为深红色（R:200，G:21，B:2）；设置中间圆环位置0的颜色为淡黄色（R:249，G:237，B:170）、位置100的颜色为黄色（R:238，G:203，B:105），效果如图9-62所示。

图9-61

图9-62

（6）将红色圆形的直径缩小至974px，然后选中最大的圆形，在"外观"面板中执行"外发光"命令，设置外发光参数如图9-63所示，效果如图9-64所示。

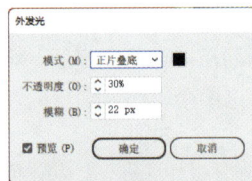
图9-63

图9-64

（7）选中圆环，添加内发光和投影效果，设置参数如图9-65和图9-66所示，效果如图9-67所示。

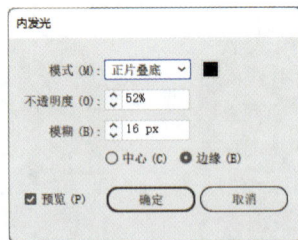
图9-65

（8）将3个圆形对象编组，然后绘制一个宽1920px、高1080px的矩形，并与编组的圆形创建剪切蒙版，效果如图9-68所示。

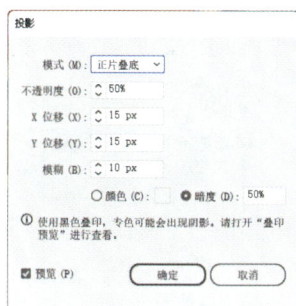

图9-66

图9-67

图9-68

（9）使用"直线段工具"绘制一条长为530px的直线段，然后使用"宽度工具"绘制宽度效果，再使用"轮廓化描边"命令创建闭合路径，如图9-69所示。

（10）设置该对象的填充颜色为浅绿色（R:24，G:204，B:190），然后复制一个对象，使用"钢笔工具"删除左侧的锚点，将新对象的填色设置为深绿色（R:45，G:143，B:139），如图9-70所示。

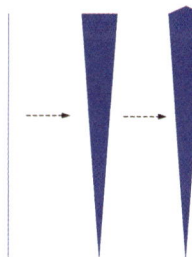

图9-69

图9-70

（11）将底部对象复制两个，使用"路径查找器"中的"减去顶层"功能创建复合对象，设置填色为金色（R:198，G:156，B:109），然后复制一个该对象，使用"钢笔工具"删除左侧的锚点，设置填色为暗金色（R:168，G:132，B:96），如图9-71所示。

（12）参照前面的步骤绘制底部的三角形对象，设置填色为金色（R:198，G:156，B:109），然后将图示中的所有对象进行编组，如图9-72所示。

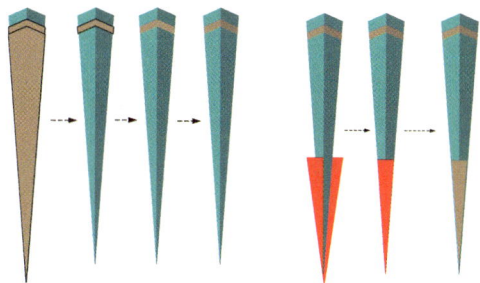

图9-71

图9-72

（13）使用"旋转工具"复制该对象15次，如图9-73所示。然后逆时针旋转一定角度，完成扇子主图的绘制，如图9-74所示。

图9-73

图9-74

（14）复制一个扇子，使用"联集"功能创建复合对象，如图9-75所示，然后使用"渐变工具"制作任意形状渐变效果，如图9-76所示。再设置混合模式为正片叠底、不透明度为33%，编组该对象，完成绿色扇子的绘制，如图9-77所示。

图9-75

图9-76

图9-77

（15）在"颜色参考"面板中单击"编辑或应用颜色"按钮，打开"重新着色图稿"对话框，将复制的扇子重新着色为红色，如图9-78所示。

（16）将扇子置入剪切组，然后添加外发光效果，如图9-79所示，效果如图9-80所示。

图9-78

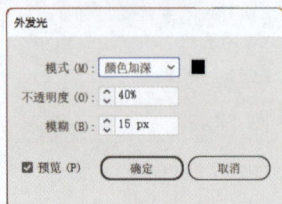

图9-79

图9-80

（17）使用"椭圆工具"绘制一个宽70px、高275px的半圆形，接着使用"锚点工具"删除左侧的锚点，如图9-81所示。然后使用"渐变工具"制作线性渐变效果，设置位置0的颜色为深红色（R:108，G:4，B:19）、位置38的颜色为深红色（R:196，G:28，B:11）、位置71的颜色为红色（R:249，G:52，B:16）、位置100的颜色为红色（R:254，G:83，B:47），如图9-82所示。

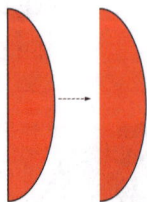

图9-81　　　　图9-82

（18）在"外观"面板中添加一个新填色，使用"渐变工具"制作径向渐变效果。设置位置0的颜色为深红色（R:108，G:4，B:19）、位置18的颜色为深红色（R:196，G:28，B:11）、位置44的颜色为黄色（R:255，G:203，B:85）、位置100的颜色为淡黄色（R:250，G:255，B:127）。将不透明度设置为60%、混合模式设

置为正片叠底，如图9-83所示。接着，在"外观"面板中复制该填色，如图9-84所示，效果如图9-85所示。

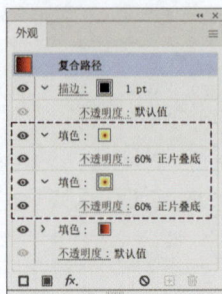

图9-83　　　　图9-84　　　　图9-85

（19）将该对象的描边粗细设置为2pt，使用"渐变工具"制作描边的线性渐变效果，角度设置为-90°，设置位置0的颜色为深红色（R:108，G:4，B:19）、位置34的颜色为黄色（R:255，G:203，B:85）、位置63的颜色为淡黄色（R:250，G:255，B:127）、位置100的颜色为红色（R:210，G:86，B:40），如图9-86所示。

（20）向右侧复制3个半圆形对象，如图9-87所示。然后使用"镜像工具"水平镜像并复制一个该对象，完成灯笼主体的绘制，如图9-88所示。

图9-86　　　　图9-87

（21）使用"圆角矩形工具"在灯笼顶部绘制一个宽89px、高27px的圆角矩形，设置填色为黄色（R:246，G:186，B:44），如图9-89所示。

图9-88　　　　图9-89

（22）使用"椭圆工具"和"矩形工具"绘制7个复合对象，效果如图9-90所示。然后使用

"减去顶层"功能创建复合对象，再使用"椭圆工具"在顶部绘制多个圆形，如图9-91所示。

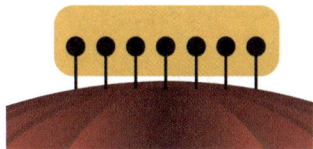
图9-90

图9-91

（23）使用"圆角矩形工具"和"矩形工具"绘制灯笼底部的图形，然后对图示中的对象进行编组，完成灯笼的绘制，如图9-92所示。

（24）将灯笼置入剪切组内，然后复制3个，如图9-93所示。

图9-92

图9-93

（25）为灯笼添加投影效果，设置投影参数如图9-94所示，最终效果如图9-95所示。

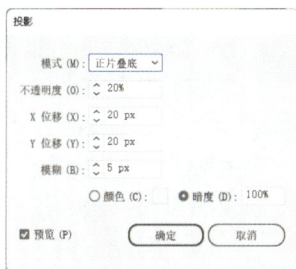
图9-94

图9-95

（26）导入"01.psd"文件，并将其置入剪切组内，如图9-96所示。然后，为祥云添加投影效果，设置投影参数如图9-97所示，效果如图9-98所示。

图9-96

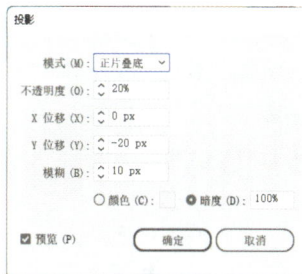
图9-97

图9-98

（27）使用"文字工具"输入"年货节"字样，设置字体为"方正盛世楷书简体"、字体大小为407pt，然后按Shift+Ctrl+O组合键创建文字轮廓，如图9-99所示。

图9-99

（28）使用"渐变工具"制作填色的线性渐变效果，设置角度为-90°，设置位置0的颜色为淡黄色（R:255，G:233，B:93）、位置100的颜色为橙色（R:253，G:174，B:71），接着，为描边制作线性渐变效果，设置角度为-90°，设置位置0的颜色为红色（R:255，G:76，B:13）、位置100的颜色为深红色（R:200，G:21，B:2），效果如图9-100所示。

图9-100

（29）为"年货节"文字对象添加投影效果，设置投影参数如图9-101所示，效果如图9-102所示。

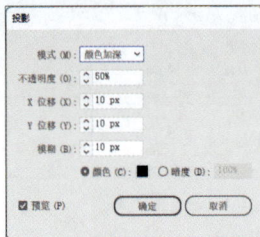

图9-101

图9-102

（30）使用"圆角矩形工具"绘制一个宽802px、高102px、圆角半径23px的"反向圆角"矩形，设置该矩形的填色为绿色（R:21，G:91，B:99）、描边色为橙色（R:251，G:176，B:59）、描边粗细为5pt，如图9-103所示。

图9-103

（31）使用"文字工具"输入"国货盛宴 疯狂抢不停"字样，设置字体为"方正小标宋简体"、字体大小为66pt、填色为黄色（R:255，G:255，B:0），并与中间的矩形中心对齐。然后再输入"活动时间：2022年1月—3月"字样，设置字体为"方正小标宋简体"、字体大小为35pt、填色为白色（R:255，G:255，B:255），

如图9-104所示。

图9-104

（32）导入"02.ai"文件，将其置入到剪切组内，适当调整其位置和大小，并设置不透明度为50%。最终效果如图9-105所示。

图9-105

9.4 绘制网店商品主图

效果文件位置	实例文件>CH09>综合案例>绘制网店商品主图.ai
素材文件位置	素材文件>CH09>综合案例> 01.png
技术掌握	掌握Illustrator在商业领域中的综合应用

综合案例：绘制网店商品主图

本案例将绘制的网店商品主图效果如图9-106所示。

（1）新建一个RGB颜色模式的文档，使用"矩形工具"绘制一个边长为800px的正方形。接着，使用"渐变工具"绘制线性渐变效果，设置渐变色角度为-90°，设置位置0的颜色为红色（R:255，G:0，B:41）、位置100的颜色为深红色（R:181，G:0，B:0），如图9-107所示。然后，绘制一个宽735px、高635px的矩形，设置填色为白色（R:255，G:255，B:255），水平居中对齐于底图，如图9-108所示。

图9-106

图9-107

图9-108

（2）使用"矩形工具"绘制一个宽520px、高120px的矩形，并与底图顶部水平居中对齐，如图9-109所示。接着，使用"比例缩放工具"适当缩小底部的两个锚点，如图9-110所示。然后将复制该对象，加选白色矩形，并使用"减去顶层"功能创建复合对象。最后，调整该复合对象的"边角构件"，绘制圆角效果，如图9-111所示。

图9-109

图9-110

图9-111

（3）选中顶部的梯形，使用"路径偏移"命令创建一个偏移为-10px的新对象，然后删除原来的梯形，如图9-112所示。将该对象的顶边移动至底图的顶边，然后调整底部的两个"边角构件"，绘制出圆角效果，如图9-113所示。

图9-112

图9-113

（4）设置该对象的填色为红色（R:255，G:0，B:0），接着在"外观"面板中添加外发光效果，如图9-114所示，效果如图9-115所示。然后执行"对象>扩展外观"菜单命令，将外发光与原对象拆分，再裁剪超出底图的外发光位图，如图9-116所示。

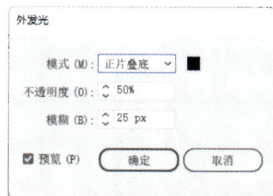

图9-114

图9-115

图9-116

（5）使用"文字工具"输入"超级特惠日"字样，设置字体为"方正粗黑宋简体"、字体大小为60pt、字体填色为白色（R:255，G:255，B:255），水平居中对齐底图，如图9-117所示。接着输入"单品5折优惠"字样，设置字体为"方正兰亭特黑简体"、字体大小为63pt、字体填色为白色（R:255，G:255，B:255），并移动至底图的左下角，然后使用"矩形工具"绘制一个宽365px、高230px的矩形，使用"渐变工具"绘制线性渐变效果，设置渐变色角度为-90°，设置位置0的颜色为红色（R:255，G:0，B:41）、位置100的颜色为深红色（R:181，G:0，B:0），效果如图9-118所示。

图9-117

图9-118

（6）使用"直接选择工具"调整矩形左下角的锚点和左上角的"边角构件"，如图9-119所示。然后参照步骤（4）为该对象添加外发光效果，如图9-120所示。

图9-119

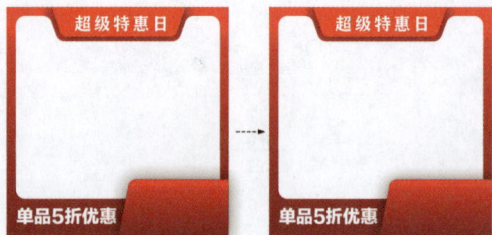

图9-120

（7）使用"直排文字工具"输入"到手价"字样，设置字体为"方正兰亭粗黑简体"；输入"18.8"字样，设置字体为"方正兰亭特黑简体"；然后输入"￥"符号。接着，将以上对象的填色设置为白色（R:255，G:255，B:255），适当调整对象的大小和位置，效果如图9-121所示。然后，将"18.8"和"￥"使用"联集"功能创建复合对象，再使用"渐变工具"绘制线性渐变效果，设置渐变色角度为-90°，设置位置0的颜色为淡黄色（R:255，G:255，B:213）、位置100的颜色为黄色（R:255，G:229，B:63），效果如图9-122所示。最后，使用"倾斜工具"将右下角的对象向右倾斜一定角度，效果如图9-123所示。

图9-121

图9-122

图9-123

（8）导入"01.png"文件，将其移动到底图的左侧，如图9-124所示。接着使用"圆角矩形工具"绘制一个宽273px、高74px的圆角矩形，再使用"渐变工具"绘制线性渐变效果，设置位置0的颜色为红色（R:255，G:0，B:41）、位置100的颜色为深红色（R:181，G:0，B:0）。然后输入"第二件0元"字样，设置字体为"方正兰

亭黑简体"、字体大小为43pt、字体填色为白色（R:255，G:255，B:255），效果如图9-125所示。

图9-124

图9-125

（9）绘制一个宽273px、高218px的圆角矩形，然后使用"渐变工具"绘制线性渐变效果，设置位置0的颜色为黄色（R:255，G:229，B:63）、位置100的颜色为橘黄色（R:255，G:177，B:21）。接着输入"活动当日拍下即刻买一送一"字样，设置字体为"方正兰亭黑简体"、字体大小为36pt、字体填色为深红色（R:198，G:20，B:20），并与刚才绘制的圆角矩形水平居中对齐，效果如图9-126所示。然后在这两个圆角矩形的下一层各复制一个，设置填色为黑色（R:0，G:0，B:0）、不透明度为15%，再适当向下移动一定距离，绘制投影效果，如图9-127所示。

图9-126

图9-127

9.5 绘制促销吊旗

效果文件位置	实例文件>CH09>综合案例>绘制促销吊旗.ai
素材文件位置	素材文件>CH09>综合案例> 02.jpg
技术掌握	掌握Illustrator在商业领域中的综合应用

综合案例：绘制促销吊旗

本案例绘制的促销吊旗效果如图9-128所示。

图9-128

（1）导入"02.jpg"素材，如图9-129所示，使用"图像描摹"中的"黑白徽标"功能对该位图进行临摹，最后执行"对象>扩展"菜单命令拆分描摹对象，如图9-130所示。

图9-129　　　　　　图9-130

技巧与提示

执行该步骤时，有条件的同学可以使用"数位板"绘制自己的插图，或者直接导入"素材文件>CH05>05.jpg"文件进行描摹操作。

（2）设置插图中人物的衣服填色为深红色（C:44，M:100，Y:96，K:12），如图9-131所示。然后设置插图中其他部分的填色为淡黄色（C:5，M:18，Y:41，K:0），完成插图对象的绘制，如图9-132所示。

（3）在页面空白处使用"矩形工具"绘制一个宽400mm、高600mm的矩形，调整底部两个"边角构件"的参数为完全圆角效果。接着设置该圆角矩形的填色为淡黄色（C:5，M:18，Y:41，K:0），如图9-133所示。

图9-131　　　　　　图9-132

图9-133

（4）在主对象的底部绘制一个直径为63mm的圆形，如图9-134所示。接着设置该圆形的描边粗细为210pt，如图9-135所示。然后在"描边"面板中设置虚线效果，如图9-136所示。

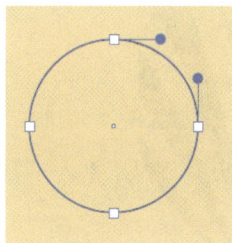 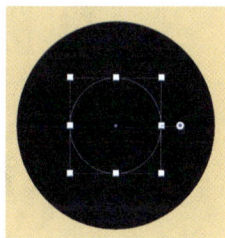

图9-134　　　　　　图9-135

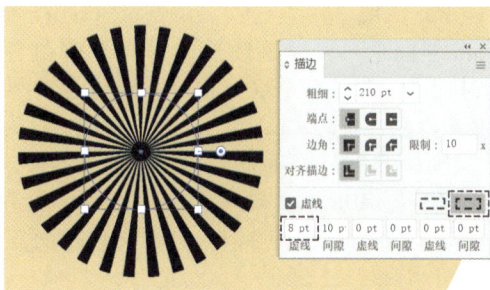

图9-136

（5）执行"轮廓化描边"命令，将虚线描边转换为闭合路径，如图9-137所示。使用"旋转扭曲工具"调整该对象的形状，接着设置该对象的填色为深红色（C:44，M:100，Y:96，K:12），如图9-138所示。接着，复制一个，并与该对象创建剪切蒙版，效果如图9-139所示。

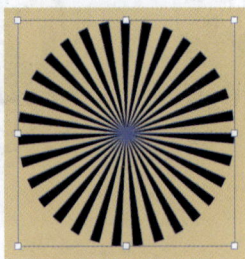
图9-137

图9-138

图9-139

（6）使用"椭圆工具"绘制一个直径为50mm的圆形，设置该圆形的填色为深红色（C:44，M:100，Y:96，K:12）、描边色为淡黄色（C:5，M:18，Y:41，K:0）、描边粗细为7pt，接着在"外观"面板中添加外发光效果，效果如图9-140所示，效果如图9-141所示。然后，将这个圆形向右复制4个，如图9-142所示。

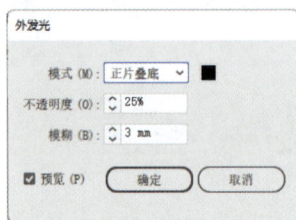
图9-140

图9-141

图9-142

（7）使用"文字工具"输入"双十一促销"字样，设置字体为"方正粗圆简体"、字体大小为92pt、字体填色为淡黄色（C:5，M:18，Y:41，K:0），适当调整字符间距，使其与刚才绘制的5个圆形逐字中心对齐，如图9-143所示。接着输入"真便宜"字样，设置字体为"方正雅珠简体"、字体大小为366pt。在"外观"面板中创建新的填色和描边，设置填色为黑色（C:100，M:100，Y:100，K:100）、描边色为淡黄色（C:5，M:18，Y:41，K:0）、描边粗细为36pt，如图9-144所示，效果如图9-145所示。

图9-143

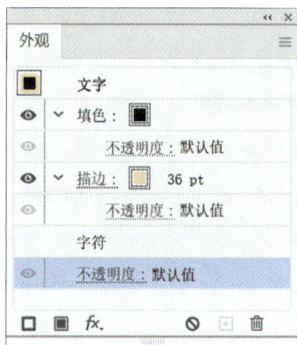

图9-144

图9-145

（8）使用"圆角矩形工具"绘制一个宽189mm、高28mm、圆角半径为5mm的反向圆角矩形。将该矩形的填色设置为深红色（C:44，M:100，Y:96，K:12）、描边色为淡黄色（C:5，M:18，Y:41，K:0）、描边粗细为8pt，并使其与底图水平居中对齐，如图9-146所示。接着使用"文字工具"输入"钜惠豪礼 优惠酬宾"字样，设置字体为"方正小标宋简体"、字体大小为52pt、字体填色为淡黄色（C:5，M:18，Y:41，K:0），并使其与刚才绘制的反向圆角矩形中心对齐，如图9-147所示。

图9-146

图9-147

（9）使用"文字工具"输入"70%OFF 优惠促销"字样，分成上下2行，居中对齐，设置字体为"方正兰大黑"。将第一行文字的字体大小设置为48pt、第二行文字的字体大小设置为86pt，并逆时针旋转20°，如图9-148所示。然后在"外观"面板中创建新的填色和描边，设置填色为黑色（C:100，M:100，Y:100，K:100）、描边色为淡黄色（C:5，M:18，Y:41，K:0）、描边粗细为22pt，如图10-149所示。最后，将步骤（1）中绘制的插图移动到主图的底部，最终效果如图9-150所示。

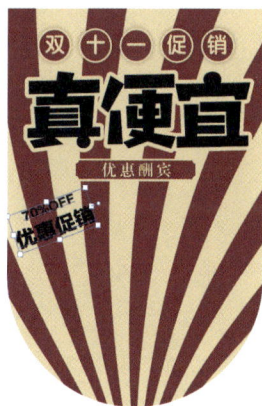

图9-148

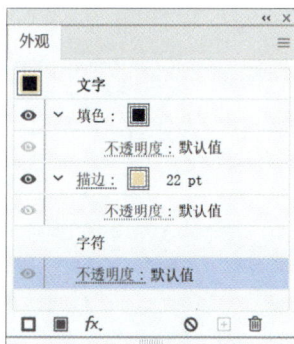

图9-149

图9-150

💡 技巧与提示

　　本例中绘制的促销吊旗可以采用数码快印的方式进行印刷，使用300g白卡纸；也可以使用PP纸裱KT板制作。